中等职业学校教育创新规划教材

种子生产与应用

尚增强　高文红　主编

中国农业大学出版社
·北京·

内 容 简 介

本书主要介绍了农业生产中种子生产的基本原理、生产程序、技术以及提高种子品种质量和播种质量所采取的措施，包括种子生产基础、大田作物种子生产技术、蔬菜作物种子生产、果树、花卉的繁殖技术、种子检验技术、种子处理与加工技术、种子贮藏技术七个项目。

本教材是中等职业学校教育专用教材，也可作为规模化种植户的培育教材及种业企业员工的培训教材，还可以作为种子科技工作者及农业科技人员的参考用书。

图书在版编目(CIP)数据

种子生产与应用/尚增强，高文红主编. —北京：中国农业大学出版社，2016.7
ISBN 978-7-5655-1642-9

Ⅰ.①种… Ⅱ.①尚… ②高… Ⅲ.①作物育种 Ⅳ.①S33

中国版本图书馆 CIP 数据核字(2016)第 163087 号

书　　名　种子生产与应用
作　　者　尚增强　高文红　主编

策划编辑　张　蕊　张　玉　　　　责任编辑　张　蕊
封面设计　郑　川
出版发行　中国农业大学出版社
社　　址　北京市海淀区圆明园西路 2 号　　　　邮政编码　100193
电　　话　发行部 010-62818525，8625　　　　读者服务部 010-62732336
　　　　　编辑部 010-62732617，2618　　　　出　版　部 010-62733440
网　　址　http://www.cau.edu.cn/caup　　　　**E-mail** cbsszs @ cau.edu.cn
经　　销　新华书店
印　　刷　涿州市星河印刷有限公司
版　　次　2016 年 12 月第 1 版　　2016 年 12 月第 1 次印刷
规　　格　787×980　　16 开本　　12.25 印张　　225 千字
定　　价　28.00 元

中等职业学校教育
编审委员会名单

编 写 人 员

主　编　尚增强　南阳农业职业学院高级讲师

　　　　高文红　邯郸农业学校高级讲师

副主编　孙红心　武汉市农业学校高级讲师

　　　　方　丽　南阳农业职业学院讲师

　　　　陆青山　广西百色农业学校讲师

参　编　惠凤仙　南阳农业职业学院讲师

　　　　杨志英　成安县综合职业技术学校中学高级教师

　　　　朱青艳　北京市通州区植保站农艺师

编写说明

积极开展与创新中等职业学校教育，提高现代农业与社会主义新农村建设一线中等技术“应用型”人才是发展现代农业和建设社会主义新农村的重要举措。为贯彻落实中央的战略部署，提升中等“应用型”人才的培养质量，同时也为各地培育中等技术“应用型”人才提供基础保障，特根据《教育部关于“十二五”职业教育教材建设的若干意见》《中等职业学校专业教学标准(试行)》等文件精神，紧紧围绕培养中等“应用型”人才，培养生产、服务、管理第一线需要的人才，并遵循中等职业教育基本特点和规律，我们编写了《种子生产与应用》一书。

本书是种植类核心课程系列教材之一。本教材构思新颖，内容丰富，体例创新。定位于中等职业教育，紧扣岗位要求，以行动导向的教学模式为依据，以学习性工作任务实施为主线，以学生为主体，通过学习性工作任务中教、学、做、说(写)合一来组织教学，物化了本门课程历年来相关职业院校教育教学改革中所取得的成果，并统筹兼顾中等农业职业教育的学习特点。

该教材重点介绍种子生产的基本原理、生产程序、技术以及提高种子品种质量和播种质量所采取的措施等内容。本教材根据项目驱动式教学的需要，以引导学生主动学习为目的，进行体例架构设计，以适应中等职业学校教育创新和改革的需要。全书注重对学生专业技能与综合素质的培养，在专业技能方面，按照大田作物、蔬菜作物和果树、花卉的繁殖方式与遗传特点的顺序，遵循每种作物的特性和种子生产规程标准，制定科学合理、方便操作的制种方法和技术，既考虑传统理论和技术，又吸收种子生产的新技术与新成果；同时，在各任务的实施中，注重培养学生诚实守信、爱岗敬业、善于与人沟通和合作的职业品质以及具有分析问题和解决问题的能力。教材中积极融进新知识、新观念、新方法，也融入国家最新的相关专业政策，呈现课程的职业性、实用性和开放性。

本教材由全国部分高、中职院校从事多年种子生产教学，并在生产和科研上有丰富经验的教师编写完成。尚增强编写绪论、项目一、项目七中的工作任务；高文红、方丽、陆青山、孙红心、杨志英共同编写项目二中工作任务；杨志英编写项目三工作任务；惠凤仙编写项目四工作任务；方丽编写项目五工作任务；孙红心编写项目六工作任务；全书最后由尚增强、高文红统稿。本书在编写过程中得到了北京市通州区植保站农艺师朱青艳的支持。北京农业职业学院赵晨霞教授、农业部科技教育司王青立处长和原农业部农民科技教育培训中心陈肖安等同志对教材内容进行了最终审定，在此一并表示感谢。

由于编者水平有限，加之时间仓促，教材中难免存在着一些错误和不妥之处，衷心希望广大读者及时发现并指正，更希望广大读者对教材编写质量提出宝贵意见，以便进一步修订和完善。

编　者

2016 年 6 月

目　录

项目一　种子生产基础

【学习目标】

1. 认知种子生产基础知识；

2. 掌握引种的工作环节；

3. 熟悉杂种优势的利用途径；

4. 熟悉原、良种生产程序。

【工作任务描述】

本项目共有四个任务，通过本项目的学习让学员熟悉种子生产基础知识，掌握种子生产的引种、常规制种、杂种优势利用，熟悉原、良种生产程序。培养学员查阅资料、观察分析、调查研究、勤于总结和沟通协作等职业素质。

【思维导图】

任务一　认知种子及种子生产

一、学习准备

(一)知识准备

种子是农业生产中不可替代的生产资料,种子的数量和质量及市场供需矛盾直接关系到农业生产及经济效益。因此,种子生产和应用是一项技术性、政策性很强的系统工程。

1.种子的概念

种子是用于农业生产的各种播种材料的总称,习惯称农业种子。《中华人民共和国种子法》(以下简称《种子法》)对种子的定义:“本法所称种子,是指农作物和林木的种植材料或繁殖材料,包括籽粒、果实和根、茎、苗、芽、叶等”。

各种作物的播种材料种类繁多,大致可分为以下四大类:

(1)真种子　在植物学上是由胚珠发育而成的。如大部分豆类、棉花、油菜及十字花科的各种蔬菜、黄麻、亚麻、蓖麻、烟草、芝麻、瓜类、茄子、番茄、辣椒、柑橘、梨、苹果、银杏以及松柏类等。

(2)类似种子的果实　在植物学上是由子房甚至包括花器的其他部分发育而来。如禾本科作物的颖果(小麦及玉米等为典型的颖果,而水稻与皮大麦果实外部包有稃壳,在植物学上称为假果);向日葵、荞麦、大麻、苎麻的瘦果;伞形科(如胡萝卜和芹菜)的分果;山毛榉科(如板栗和麻栎)和藜科(如甜菜和菠菜)的坚果;黄花苜蓿和鸟足豆的荚果以及蔷薇科的内果皮木质化的核果等。在这些干果中,以颖果和瘦果在农业生产上最为重要。这两类果实的内部均含有1颗种子,在外形上和真种子很类似,往往称之为子实,禾谷类作物的子实也称为谷实,而子实及真种子均可称之为子粒。

(3)用以繁殖的营养器官　营养器官包括植物学上的各种器官。如甘薯和山药的块根,马铃薯和菊芋的块茎,芋和慈姑的球茎,葱、蒜、洋葱的鳞茎等。又如甘蔗和木薯用地上茎繁殖,莲用根茎,苎麻用吸枝繁殖等。上述这些作物大多亦能开花结实,并且可供播种,但在农业生产上一般均利用其营养器官种植,以发挥其特殊的优越性。一般在进行杂交育种等少数情况下,才直接用种子作为播种材料。

(4)植物人工种子　是将植物离体培养产生的胚状体包埋在含有养分和具有保护功能的物质中形成的，在适宜条件下能发芽出苗、长成正常植株的类似植物种子的播种材料。

2.品种的概念和类型

作物品种是人类在一定的生态条件和经济条件下，根据人类的需要所选育的某种作物的某种群体。这种群体具有相对稳定的遗传特性，在生物学、形态学及经济性状上具有相对的一致性，而与同一作物的其他群体在特征、特性上有所区别，这种群体在相应地区和耕作条件下种植，在产量、抗性、品质等方面都能符合生产发展的需要。

作物品种是育种的产物，是经济上的类别，是最基本和最重要的农业生产资料，每一个品种都有其使用的年限和分布的地区，任何一个品种都应具有一个或多个区别于同一作物其他品种的形态特征和生理特性。

根据作物的繁殖方式、遗传基础、品种选育方法及种子生产方法等，可将作物品种分为以下四种类型：

(1)自交系品种又称纯系品种　自交系品种是指从变异群体中经连续自交和单株选择育成的基因型纯合的品种。

自交系品种主要包括自花授粉和异花授粉作物的常规品种和各类授粉作物单交种的亲本。

(2)杂交种品种　杂交种品种是在严格选择亲本和控制授粉的条件下生产的各类杂交组合的杂种一代群体。杂交种品种主要包括各类单交种、复交种等。生产上一般仅利用 F_1、F_2，因基因型分离致使杂种优势降低，生产上一般不再利用。

(3)群体品种　群体品种是指由多种不同的基因型个体混合组成的群体。

群体品种主要包括自花授粉作物的多系品种(农家品种)、杂交合成群体以及异花授粉作物的自由授粉品种(农家品种)、综合品种。

(4)无性系品种　是由一个无性系经过营养器官的繁殖而成。它们的基因型由母本决定，表现型和母本相同。

3.良种在农业生产中的作用

农业生产上所谓良种是指品种的高质量品种品质和高质量播种品质的种子。

“科技兴农，种子先行”。国内外现代农业发展史生动地说明良种在农业生产发展中的作用是其他任何因素都无法取代的。作为农业发展的重要驱动力和科技应用先导，良种推广和应用为我国农业生产尤其是种植业生产的持续发展发挥了重大作用。良种在发展农业生产中的作用主要表现在：

(1)提高单位面积产量　在同样的地区和耕作栽培条件下,采用产量潜力大的良种,一般可增产10%或更高,在较高栽培水平下良种的增产作用也较大。

(2)改进产品品质　农作物各品种间,不仅产量有高低,其产品品质也有优劣。例如,谷类作物子粒蛋白质含量及组分、油料作物子粒的含油量及组分、纤维作物的纤维品质性状等。

(3)保持稳产性和产品品质　良种对常发的病虫害和环境胁迫具有较强的抗耐性,在生产中可减轻或避免产量的损失和品质的变劣。

(4)扩大作物种植面积　改良的品种具有较广阔的适应性,还具有对某些特殊有害因素的抗耐性,因此采用这样的良种,可以扩大该作物的栽培地区和种植面积。

(5)有利于耕作制度的改革、复种指数的提高,农业机械化的发展及劳动生产率的提高。选用生育特性、生长习性、株型等合适的品种,可满足这些要求,从而提高生产效益。

4. 种子生产的意义

种子生产是依据种子科学的技术方法,生产出符合数量和质量要求的种子。狭义的种子生产仅指良种繁育。广义的种子生产包括从良种繁育开始、经过种子加工贮藏、种子检验等环节直到生产出符合质量标准、能满足市场需求的商品种子的全过程。

种子经营是在遵守国家有关法规和政策的前提下,面向种子市场,充分利用内部资源和外部环境,合理组织品种研发、种子生产、销售,以获取最佳经济效益的全部经济活动过程。

从市场角度来看,种子是一种特殊的商品。现代农业生产活动中,种子的生产已经从农业生产活动中分离出来,形成了相对独立的种子生产和经营体系。种子生产与经营,涵盖了商品种子从生产到使用的全过程。对种子生产经营者而言,只有获得最新的作物品种生产权,掌握最先进的生产技术,掌握适销对路的品种和质量优良的种子,才能够提高竞争力,获得良好的经济效益和社会效益;对种子使用者而言,只要获得良种,就意味着增产增收;对农业生产而言,量足质优的种子是实现持续、稳定增产的先决条件和重要保证。由此可见,搞好种子生产与经营,对种子企业的发展,对农业科技进步和农业生产发展有着重要的现实意义。

从世界各国实行种子产业化运作的实践来看,种子生产是种子经营的基础和依托,通过进行种子经营又可以促进和规范种子生产,两者既互为依存,又互相促进,是一个整体,是不可分割的两个部分。

(二)资料准备

利用现有的图书、报纸杂志以及网络资源查找关于种子、品种、良种的信息资料，了解我国农业生产中种子利用现状、熟悉本地区各作物目前生产上的推广品种以及良种的利用情况。

二、项目设计与实施

(一)项目任务设计

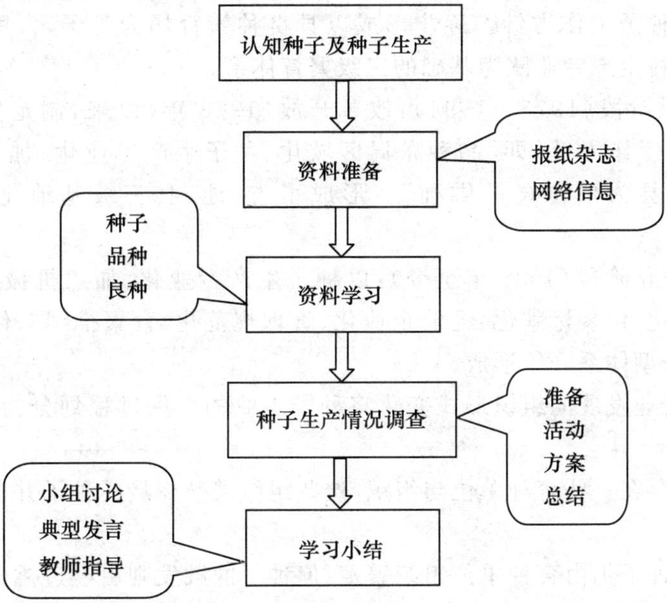

(二)项目任务实施

1. 在教师的指导下，学习种子、品种、良种的概念以及种子生产的作用和意义。

2. 对当地进行种子生产情况调查。

(1)调查准备。通过图书、杂志、报纸、网络查询等途径，了解我国、本省和当地主要作物种子生产的基本情况。

(2)制订调查方案。以小组为单位制定调查计划，包括时间、地点、调查对象和内容、调查表格设计等。

(3)调查活动。在查阅资料的基础上，按照制订的调查方案，通过走访当地种子管理部门、种子生产企业、种子经营部门、农业技术人员、农业合作组织负责人、家庭农场主等，了解当地生产的作物种子。

(4)调查总结。根据调查结果每人撰写一份不少于600字的调查总结。在教师的组织下与同学们交流学习。

三、学习拓展

1. 种子生产发展历程

户户留种阶段新中国成立初(1949—1957):家家种田、户户留种、种粮不分。

四自一辅阶段(1958—1977):农业合作化特别是公社化(1958年)后,种子部门逐渐建立,但生产水平较低,实施“四自一辅”即“自繁、自选、自留、自用,辅之以适当调剂”的种子工作方针。逐步形成以县良种繁育场为骨干,人民公社良种队(场)为桥梁,村生产专业队为基础的三级繁育体系。

四化一供阶段(1978—1994):改革开放(1978年)以来,制定实施了“四化一供”的种子工作方针,即“品种布局区域化、种子生产专业化、加工机械化、质量标准化;以县为单位统一供种”。形成了省、地、县三级基地化的良种繁育体系。

种子产业化阶段(1995年至今):以种子生产专业化、加工机械化、质量标准化、用种商品化、包装标牌化、经营企业化、管理规范化、育繁推销一体化为标志的种子产业化新型体系开始形成。

从种子工业发展的组织形式变化将种子工业的发展过程划分为四个阶段,其标准为:

阶段一:存在一些育种单位与组织,这些组织繁殖少量的种子并散发给较少数的农户种植。

阶段二:种子仍由育种单位组织繁殖,但种子的散发则由经过挑选的承担种子繁殖任务的农户承担,在市场上有少量的种子销售。

阶段三:国家制定了一系列有关种子工业发展、种子生产、销售、质量控制、签证、培训等政策,这些政策被有效地执行。

阶段四:国家的种子政策经常被修订,其注意力放在发展和强化商品种子的生产与销售上,有关种子的法律已被确立,各种培训活动经常进行,并建立了与其他许多有关组织和单位的联系。

2. 我国种子工程与产业

种子工程是以农作物种子为对象,以为农业生产提供优良的商品种子为目的,利用现代科技成果,按照种子科研、生产、加工、销售、管理的全过程所形成的规模化、规范化、程序化、系统化的产业整体。种子工程按照其功能分为农作物改良(新品种引种育种)、种子生产、种子加工、种子销售和种子管理五大系统。种子工程的实施主要是实现四个根本性转变，即由传统的粗放生产向集约化大生产转变；由行政区域的自给性生产经营向社会化、国际化市场竞争转变；由分散的小规模生产经营向专业化的大中型企业或企业集团转变；由科研、生产、经营相互脱节向育繁销一体化转变。

种子产业（简称种业）是与种子生产经营相关的企业或部门的集合体。它包括种子的资源保护、育种、引种、繁育、推广、生产经营、行政执法管理及其相关服务等构成的产业链条各环节上的企业和部门。

2000 年 12 月《种子法》颁布实施，中国种业市场全面开放，逐步构建起“种子产业观念、企业主体观念、市场经济观念、依法治种观念”为核心的现代种业体系，民营企业全面进入种业，表明我国种子产业进入市场经济阶段。

我国种业现状：一方面，我国种业市场对外资开放 10 余年时间内，全国已有约 50 家持有效证照的外资企业涉足国内市场，其中不乏孟山都、先正达等国际种业公司；另一方面，由于起步晚、基础薄弱、管理经验欠缺等历史因素，我国本土的种子企业无论在技术、规模和管理上都与国际先进种子企业相差甚远，同时存在门槛过低的问题。统计显示，目前全国持证种子企业将近万家，其中注册资金 3 000 万元以上的只有 200 多家。我国种子市场份额已由 2001 年的 200 亿元增长到目前的 550 亿元左右，成为世界第二大种业市场，未来十年增长潜力更为显著。但是全球种业 10 强公司占全球种业市场份额的 35%，而国内种业 10 强公司占全球市场份额的比例仅为 0.8%。以蔬菜种子为例，在中国最大的反季节蔬菜种植基地和集散中心——山东寿光，彩椒、长茄等一些蔬菜品种的外资种子已占据 90%以上的市场份额。

种子安全问题在我国一直受到高度关注。2000 年，全国人大常委会颁布了《种子法》；2006 年，国务院办公厅颁发了《关于推进种子管理体制改革加强市场监管的意见》。此后，随着《农作物种子标签管理办法》《农作物种子质量纠纷田间现场鉴定办法》等一系列规定的出台，我国种子管理法律体系正在逐步得到健全。2010 年的政府工作报告提出，要以良种培育为重点、加快农业科技创新和推广。2011 年 2 月 22 日，国务院召开常务会议，研究部署加快推进现代农作物种业发展。会议讨论通过《关于加快推进现代农作物种业发展的意见》。会议指出，我国是农业大国，农作物种业是国家战略性、基础性的核心产业。在新形势下加快发展现代农作物种业，对于促进农业长期稳定发展，保障国家粮食安全，具有重要意义。必须坚持自主创新，改革体制机制，完善法律法规，整合农作物种业资源，加大政策扶持和投入力度，快速提升我国农作物种业科技创新能力、企业竞争能力、供种保障能力和市场监管能力，构建以产业为主导、企业为主体、基地为依托、产学研相结合、育繁推一体化的现代农作物种业体系。力争到2020年，培育一批具有重大应用前景和自主知识产权的突破性优良品种，建设一批标准化、规模化、集约化、机械化的优势种子生产基地，打造一批育种能力强、生产加工技术先进、市场营销网络健全、技术服务到位的现代农作物种业集团，全面提升我国农作物种业发展水平。

四、讨论与巩固

1.名词解释：品种、种子、良种。

2.良种在农业生产中的作用有哪些？

3.请论述我国种业的发展与前景。

任务二 引种

一、学习准备

（一）知识准备

1.引种的概念

广义的引种是指从外地区或国外引进新植物、新作物、新品种以及种质资源。生产上所说的引种，一般是指从当前生产需要出发，引入外地区或外国的品种（系），经过适应性试验，直接在本地区推广种植。

2.引种的作用

（1）引进新作物、新品种，发展农业生产　目前我国600余种主要栽培植物中，大约有300多种是陆续从国外引进的。玉米原产美洲，目前在我国是仅次于稻、麦的重要粮食作物；我国目前栽培面积最大、产量高、纤维品质又好的陆地棉就是从国外引进的；甘薯、马铃薯、芝麻、花生、向日葵、番茄、甘蓝、甜菜和烟草等作物都是不同历史时期从国外引进的。我国现有蔬菜200余种，原产于我国的只有41种，而从国外引进的蔬菜作物占我国栽培蔬菜种类的4/5。

小麦优良品种的引进在我国小麦生产上发挥了重要作用，直接推广利用的引进品种就有80多个。例如，意大利小麦品种阿夫、阿勃、郑引1号、碧玉麦等都曾在我国直接推广利用。所以引种也是解决当地生产对优良品种迫切需求的有效措施之一。

(2)充实种质资源,丰富育种的物质基础　新中国成立以来,我国从国外引入数十种作物种质资源总计在10万份以上,各地利用它们作育种材料,育成了大批新品种。

(二)资料准备

利用图书室、电子阅览室查阅图书、报纸杂志以及网络资源了解引种的信息资料,实地调查当地引种情况。

二、项目设计与实施

(一)项目任务设计

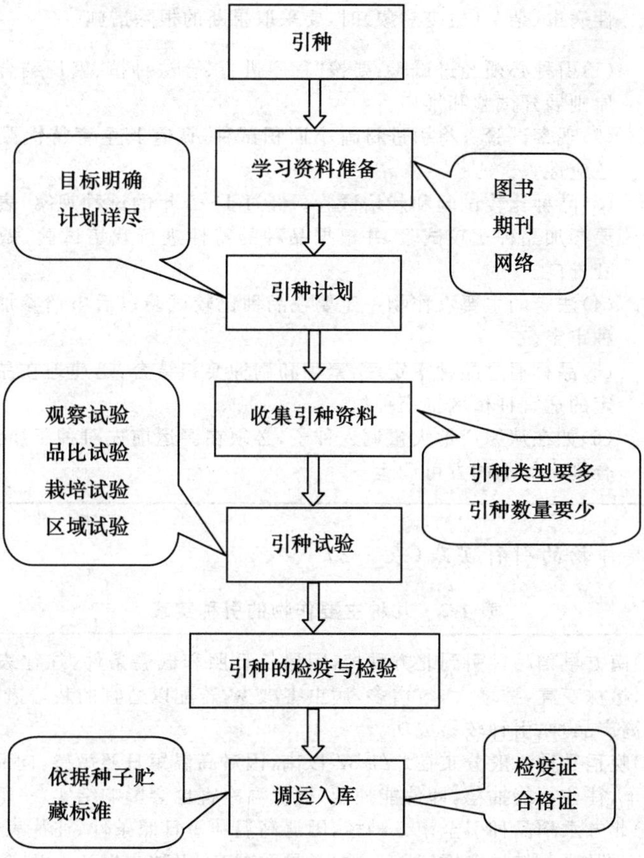

(二)项目任务实施

1. 引种的工作环节(表 1-1)

表 1-1 引种的工作环节

工作环节	技术要点
制定引种计划、收集引种材料	(1)引种工作计划应详尽,必须有明确的目标和要求。 (2)在同一地区、同一生态类型中要尽可能引入较多的材料,而每份材料的种子数量不要太多
防止检疫性病、虫、杂草的传播	(1)引种是危险性病虫害和杂草传播的一个主要途径,因此在引种时必须严格遵守种子检疫制度,自觉地接受检疫部门的监督处理。 (2)引进材料要通过特设的检疫圃隔离种植,在鉴定中如发现有新的危险性病虫、杂草(检疫对象)时,要采取果断的根除措施
引种材料的试验鉴定	(1)引种必须经过试验,要按"程序进行、合法种植、繁调结合、迅速铺开"的原则展开试验和推广。 (2)观察试验。将引进材料小面积试种,调查其生育特性及对本地条件的适应性。 (3)品种比较试验和栽培试验。经过 1～2 年的试种观察,表现适应的品种要参加品种比较试验,并根据品种的特性进行栽培试验,做到良种良法配套推广。 (4)法定的主要农作物一定要在品种比较试验以后申请参加区域试验和品种审定。 (5)品种通过品种审定后,繁种和调种要相结合,迅速地在品种管理部门确定的适宜种植区推广种植。 (6)如在从原产地大量调入种子,必须在调运前先对种子质量进行检验,符合规定标准的方可调运

2. 几种主要作物的引种实践(表 1-2)

表 1-2 几种主要作物的引种实践

水稻引种	(1)南方早稻品种引到北方种植,因遇长日照和低温条件,往往表现为生育期延长,植株变高,穗增大,粒增多,病虫害减少,若配以适宜的栽培措施,可成为晚熟的高产品种,引种较易成功。 (2)晚稻品种一般分布在北纬 32°以南,因对高温短日照敏感,向北引至长日照条件下,往往不能抽穗,即使能抽穗,遇低温冷害也会影响结实,一般不宜引种。 (3)北方水稻品种引至南方种植,因遇高温和短日照条件,往往表现抽穗期提早,生育期缩短,植株变矮,穗小,粒少,导致减产,引种在生产上意义不大

续表 1-2

小麦引种	(1)我国北方强冬性、冬性小麦品种对温度、日照反应均较敏感，向南引种，只能进行短距离引种，否则会因不能满足其对低温、长日照的要求而使成熟期延迟甚至不能抽穗结实。 (2)弱冬性品对温、光反应较迟钝，适应范围较广，但由南向北引种时要注意能否安全越冬。 (3)春性品种春化阶段短，通过春化阶段所要求的温度范围较宽，适应性较强，引种范围较广。 (4)实践证明：凡是在纬度、海拔、气候条件(特别是1月份平均气温)相近的地区间相互引种比较容易成功。如济南、石家庄、郑州、西安之间相互引种都有成功的例证
玉米引种	(1)一般来说，玉米的生育期是决定产量的一个重要因素。凡生育期长，茬口又合适的，产量就高。从土壤条件来说，肥水条件好的地区宜引种晚熟品种，肥水条件一般的地区宜引种中熟品种。 (2)从品种类型说，马齿型品种适应性广，产量高，对肥水条件敏感，增产潜力大，但熟期晚。 (3)不同地区间引种，一般从东北、华北引到南方表现较好；而西北地区的品种引入东北、华北，表现较差；由南向北，由西南向东北很少有成功的例子
大豆引种	(1)大豆是典型的短日照作物。在8 h光照条件下，各地区的品种生育期均缩短。粒用大豆的南北引种适应范围仅1～2个纬度，不宜远距离引种。 (2)大豆引种时，要考虑结荚习性及种粒大小，向旱区应引无限结荚习性及小粒品种，向水肥充足的地区应引有限结荚习性的中、大粒品种
棉花引种	进行棉花引种时，无霜期长短是考虑的主要因素。南种北引，常因无霜期短，霜前花低而影响产量和纤维品质。因此，若从中熟棉区向无霜期短的早熟棉区引种时，应注意引早熟品种，反向引种则应选用晚熟品种

(三)学习小结

1. 结束后，每人完成以下问题，组内对每个组员做出评价。

(1)说出引种过程，包括工作环节和技术要点。

(2)讨论水稻引种容易出现的事故。

2. 每组选一个代表在全班发言，讲讲几种作物引种注意的问题。教师参与讨论过程并指导，对各组进行评价。

三、讨论与巩固

1. 简述引种的工作环节。

2. 水稻、大豆引种应注意哪些问题？

任务三　利用杂种优势

一、学习准备

(一)知识准备

1. 杂种优势的概念

杂种优势是指两个或几个遗传性状不同的亲本杂交所产生的杂种 F_1，在某些性状或综合性状(生长势、体积大小、结实性、发育速度以及对不良环境条件的抗性)方面，优于其亲本(品种或自交系)的现象。

2. 杂种优势的表现及利用

杂种优势是生物界的一种普遍现象，从低等生物(真菌类)到高等动植物凡是能进行有性生殖的，无论自花授粉还是异花授粉，都可见到杂种优势现象。

玉米是生产上大规模利用杂种优势的第一个代表性作物。20 世纪 30 年代，美国开始种植杂种玉米，到 1945 年达到 90%以上，并且在世界各地广泛推广开来，逐步形成了以生产经营玉米杂交种为主的种子产业。玉米杂种优势的成功应用，也推动了其他作物杂种优势的利用。雄性不育系的选育成功，为自花授粉作物和常异花授粉作物杂种优势利用创造了条件。20 世纪 70 年代，我国在生产上首先成功利用杂交水稻。目前世界上已经利用杂种优势的作物主要有玉米、水稻、高粱、棉花、油菜、向日葵、烟草、小麦、大麦、甜菜、番茄、黄瓜、西瓜、甘蓝、白菜、萝卜、辣椒等。

3. 利用杂种优势的基本条件

(1)有强优势的杂交组合　杂种优势的表现因杂交组合而异，若杂交组合选配不当，杂种优势就不强，甚至会出现劣势。强优势的杂交组合，除产量优势外，必须具有优良的综合农艺性状，具有较好的稳产性和适应性。在育种过程中要经过大量组合筛选，并经多年、多点的试验比较和生产示范，才能选出强优势杂交组合。

(2)有纯度高的优良亲本　同一杂交组合，双亲的遗传纯和度越高，杂种的一致性就越好，优势就越大。为了保证 F_1 代具有整齐一致的杂种优势，就要通过自交和选择对亲本进行纯化。若亲本不纯，杂种一代就会发生分离，一致性变差，杂种优势降低。

(3)繁殖与制种技术简单易行　杂交种在生产上通常只利用杂种一代(F_1)，因为杂种二代(F_2)及以后各代由于出现性状分离而导致杂种优势衰退。这就要求年年繁殖亲本和配制杂交种。若杂交种的生产技术复杂，势必增加种子生产成本。所以利用杂种优势所取得的经济效益，不仅取决于杂种优势的大小，而且也取决于繁种、制种的成本的高低以及杂交种子生产和推广销售网络的体系运行状况等。

(二)资料准备

利用图书室、电子阅览室查阅图书、报纸杂志以及网络资源了解杂种优势的信息资料，实地调查当地农业科学院(所)已育出的水稻、玉米品种的育种程序。

二、项目设计与实施

(一)项目任务设计

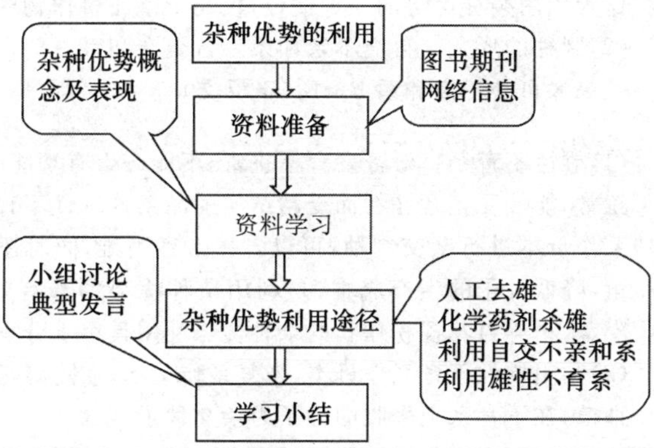

(二)项目任务实施

1. 在教师的指导下，学习杂种优势概念、表现，杂种优势利用的条件
掌握下列利用杂种优势的途径(表 1-3)。

表 1-3　利用杂种优势途径技术要点

利用途径	技术要点
人工去雄生产杂交种	(1)通过人工去除母本植株的雄穗或雄花(雄蕊)，使雌花(蕊)在自然或人工辅助条件下接受父本的花粉而产生杂交种子的方法。 (2)适合雌雄同株异花的作物(玉米)、繁殖系数高、种量小的作物(烟草)以及花器较大、去雄容易的作物(棉花)。 目前，采用人工去雄利用杂种优势的作物有玉米、棉花、烟草、番茄、甜椒、黄瓜、西瓜等

续表 1-3

利用途径	技术要点
化学药剂(杀雄剂)生产杂交种	(1)利用雌雄蕊抗药性不同,选用内吸性的化学药剂,在花粉成熟前的适当时期,用适当浓度的溶液喷洒植株,可抑制花粉的正常发育过程,使花粉败育,达到去雄的目的。化学杀雄是克服自花授粉作物如小麦、水稻、谷子等作物人工去雄困难的有效途径之一。 (2)技术要点。一是处理时期,要选在雄配子对药剂最敏感的时期;二是处理浓度,应通过反复试验确定合适的浓度
自交不亲和系生产杂交种	(1)自交不亲和系。雌雄蕊均正常,但自交或系内姊妹交均不结实或结实很少的品系称自交不亲和系。在杂交制种时,利用自交不亲和系做母本可以省去人工去雄。自交不亲和性是植物界普遍存在的一种特性,但作为利用杂种优势的一种途径,仅在十字花科作物中获得成功。 (2)制种的形式。自交不亲和系×自交亲和系→F_1(正交)或自交不亲和系 A×自交不亲和系 B→F_1(正反交)
雄性不育系生产杂交种	(1)雄性不育系。雄蕊发育不正常,不能产生有功能的花粉,但雌蕊发育正常,能接受正常花粉而受精结实的品系称雄性不育系。利用雄性不育系作母本进行杂交制种,可以省去人工去雄,同时还可以提高制种的产量,降低种子的生产成本,是利用杂种优势的最有效的途径,尤其对小麦、水稻等自花授粉作物的杂种优势利用具有十分重要的意义。 (2)利用雄性不育系作母本,恢复系作父本,在隔离区内按一定比例间隔种植,在不育系上采收的种子为杂交种子

2. 在查阅资料的基础上,按照制订的调查方案,通过走访当地农业管理部门、种子管理部门、种子生产企业、种子经营部门、农业技术人员、农业合作组织负责人、家庭农场主等,了解当地哪些作物利用了杂交种

3. 学习小结

(1)每人写一份学习收获。

(2)小组讨论,用集体的智慧完成一份较好的学习收获体会。

(3)每组选一个代表做典型发言,在全班讲解小组的学习方法、学习收获,组员补充收获的内容。

(4)教师组织发动全班同学讨论、评价各小组的学习情况,达到全班同学共享学习资源和收获体会,巩固所学的知识内容。

三、讨论与巩固

1. 什么是杂种优势？

2. 利用杂种优势的途径有哪些？

任务三　认知种子生产程序

一、学习准备

(一)知识准备

1. 作物的繁殖方式

高等植物的繁殖方式，一般分为有性繁殖和无性繁殖。

(1)有性繁殖　有性繁殖是指雌、雄配子相互融合形成合子，进而产生种子的繁殖方式。有性繁殖植物根据授粉方式的不同可分为以下三类。

①自花授粉植物　这类植物都为两性花，雌雄同熟；花器保护严密，其他花粉不易进入，开花时间较短，能进行闭花授粉。天然异交率低，一般在0～4%。常见的自花授粉植物有水稻、小麦、大豆、花生、芝麻、绿豆、马铃薯、烟草、茄子、番茄、辣椒等。

②异花授粉植物　在自然情况下，这类植物主要靠风媒、虫媒传播不同植株的花粉而受精结实。其异交率在50%以上，甚至高达100%。常见的异花授粉植物有玉米、荞麦、甘薯、向日葵、甘蓝、白菜、萝卜、白菜型油菜、黄瓜、南瓜、西瓜、菠菜、葱、洋葱、芹菜、莴苣、胡萝卜等。

③常异花授粉植物　这类植物以自花授粉为主，也能异花授粉，是两种授粉方式的过渡类型。其天然异交率在4%～50%，常因品种、地点、气候等的不同而异。属于这类作物的有高粱、棉花、粟、蚕豆、甘蓝型和芥菜型油菜、苜蓿等。

(2)无性繁殖　用植物体营养器官的一部分，使其长成新的植物体，称为无性繁殖或营养繁殖。由一个个体通过营养繁殖产生的个体群称营养系，又称无性繁殖系或无性系。可进行营养繁殖的器官有茎、根、叶和芽等。无性繁殖植物，在一定条件下，也可以进行有性繁殖，如马铃薯、甘薯、甘蔗及果树等。

2. 品种混杂退化

(1)品种混杂退化的含义　品种混杂是指一个品种群体中混进了其他植物或

品种的种子或植株，造成品种纯度降低的现象。品种退化是指品种的经济性状变劣的现象，即品种的生活力降低，抗逆性减退，产量和品质下降。混杂退化的品种田间表现为植株高矮不齐，成熟早晚不一，生长势强弱不同，病、虫为害加重，抵抗不良环境条件的能力减弱，穗小、粒少等。

(2)品种混杂退化的原因　不同作物、不同品种及不同地区品种混杂退化的原因不尽相同。归纳起来，主要有以下几个方面：

①机械混杂　机械混杂是指在种子生产和流通的过程中，由于各种条件限制或人为疏忽，使繁育的品种中混入异品种或异作物种子的现象。在种子处理及播种、收获、运输、加工贮藏等环节中不按操作规程办事都会发生机械混杂。种子田连作或施入未腐熟的有机肥也会造成机械混杂。机械混杂是自花授粉作物品种混杂退化的最主要原因。

②生物学混杂　对于有性繁殖作物的种子田，由于隔离条件不严或去杂去劣不及时、不彻底，造成异品种花粉传入并参与授粉杂交，从而因天然杂交后代产生性状分离而造成的混杂退化称为生物学混杂。

生物学混杂是异花授粉作物和常异花授粉作物品种混杂退化的主要原因之一。

③品种本身的性状分离和基因突变　品种的"纯"是相对的，品种内个体间的基因组成总会有些差异，在种子生产过程中，这些异质基因会分离重组，使品种的典型性、一致性降低，纯度下降。在自然条件下基因突变率虽很低，但多数突变为不良突变，这些突变体一旦留存下来，就会通过自身繁殖和生物学混杂方式，导致品种混杂退化。

④不正确的人工选择　在种子生产过程中，单株选择的主要目的是为了保持和提高品种典型性和纯度。但如果不熟悉被选品种的特征特性，选择标准不正确，还会加速品种的混杂退化。如在玉米自交系繁殖田，人们往往把较弱的典型苗拔掉而留下健壮的杂种苗；又如片面追求稻、麦的大穗型，往往造成植株变高，生育期推迟等，这些都会越选越杂。

⑤不良的生态条件与栽培技术　任何一个品种，离开其适宜的生态条件和栽培技术，其优良种性就难以发挥，就会出现退化。如棉花在不良的自然和栽培条件下，会产生铃小、籽小、绒短、衣分低的退化现象。

3. 种子生产程序

一个品种按繁殖阶段的先后，世代的高低所形成的过程叫种子生产程序。

(1)种子级别　根据种子生产程序把种子划分为不同的级别。我国农作物种子检验规程将种子分为以下三级。

①育种家种子　育种家育成的遗传性状稳定的品种或亲本种子的最初一批种子，用于进一步繁殖原种的种子。

②原种　育种家种子繁殖的第 1～3 代种子，或按原种生产技术规程生产的达到原种质量标准的种子，用于进一步繁殖良种的种子。

③良种(大田用种)　用常规种的原种繁殖的第 1～3 代种子或杂交种达到良种质量标准的种子，即大田用种。

(2)原种生产程序　原种在种子生产中起到承上启下的作用，搞好原种生产是整个种子生产过程中最基本和最重要的环节。目前我国原种生产中存在着不同的程序。

(二)资料准备

1. 利用图书室、电子阅览室查阅图书、报纸杂志以及网络资源了解杂种优势的信息资料。

2. 现场调查实训基地、当地农业部门、农业合作组织、家庭农场等，了解一些混杂退化现象。

3. 参观作物原种圃、种子生产田。

二、项目设计与实施

(一)项目任务设计

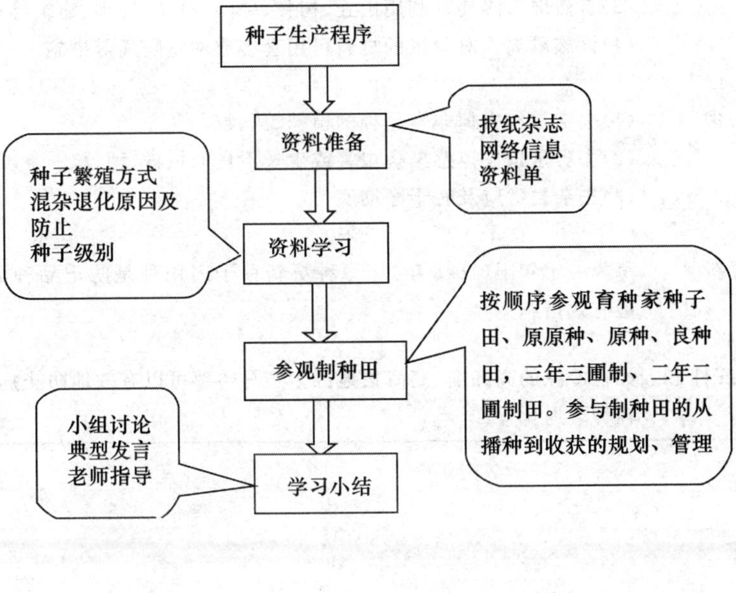

(二)项目任务实施

1. 在教师的指导下,学习防止品种混杂退化的措施,原种生产程序,良种(大田用种)生产程序,到田间认识各级种子田

(1)防止品种混杂退化的措施(表1-4)

表1-4 防止品种混杂退化的措施及技术要点

防止措施	技术要点
严防机械混杂	(1)合理安排种子田的轮作和耕作。种子田应合理轮作,及时中耕,消除杂草。 (2)认真核实种子的接受和发放手续。检查种子袋内外的标签是否相符,不要弄错品种和种子等级。 (3)把好种子处理和播种关。播种前的选种、浸种、拌种、包衣等措施,必须做到不同品种、不同等级的种子分别处理,用具洗净。 (4)严把种子田的收、运、加工、贮藏关。种子田要单收、单运、单脱、单晒、单藏。各项操作的用具和场地,必须清理干净
严防生物学混杂	(1)空间隔离。在种子田四周一定的距离内不能种植同一作物的其他品种。具体距离视作物的花粉数量、传粉能力、传粉方式而定。 (2)时间隔离。通过调节播种或定植时间,使种子田的开花期与四周田块同一种作物的其他品种错开。 (3)自然屏障隔离。利用山丘、树林、果园、村庄、堤坝、建筑等进行隔离。 (4)设施隔离。对珍贵的材料可用套袋或网室隔离等措施
严格去杂去劣	(1)去杂是指去掉非本品种的植株、穗、粒。 (2)去劣是指去掉感染病虫害或生长不良的植株、穗、粒。 (3)去杂去劣应及时干净彻底
定期品种更新	每隔一定年限(1~3年)用原种更新种子田用种是防止品种混杂退化的最有效措施
改善环境条件和栽培技术	如在冷凉的高纬度、高海拔地区生产马铃薯可以有效地防止病毒侵染,减轻种薯退化

(2)原种生产程序(表1-5)

表1-5　原种生产程序及技术要点

生产程序	技术要点
三级程序	(1)育种家种子→原种(1～3代)→良种(1～3代)。 (2)育种者提供育种家种子,专门的种子生产基地生产原种和良种(大田用种),良种(大田用种)在生产上只使用一次。 (3)三级程序的种子级别较少,要生产足量种子,每个级别一般要繁殖多代,从育种家种子到大田用种,最少繁殖三代,最多要繁殖六代,其种子生产程序虽然是分级繁殖,但没有限制世代
四级程序	(1)育种家种子→原原种→原种→良种。 (2)与三级程序相比,虽多了一级原原种,但每个级别只繁殖一代,从育种家种子到大田用种,只需繁殖四代
三年三圃制	(1)单株(穗)选择。在种子田中选择符合原品种典型性、丰产性的单株(穗),入选单株(穗)分别收获、脱粒、保存。 (2)株(穗)行鉴定。将上年入选单株(穗)稀植于株(穗)行圃,或单粒点播,每株(穗)种一行或数行。根据株(穗)行的典型性和整齐度选优汰劣,入选株(穗)行分别收获、脱粒、保存。 (3)株(穗)系比较。上年入选株(穗)行各成为一个单系,分别稀植于株(穗)系圃,每系一区,根据株(穗)系的典型性、丰产性和适应性选优汰劣,入选的各系种子混合。 (4)混系繁殖。将上年入选株(穗)系的混合种子种于原种圃,扩大繁殖,生产原种。可通过稀播、加强肥水管理等措施提高繁殖系数
二年二圃制	二圃制与三圃制相比,只少一次株系比较,在株(穗)行圃就将入选的各株(穗)行种子混合,下年混合种于原种圃进行繁殖。二圃制原种生产程序比较适用于混杂退化较轻的品种

(3)良种(大田用种)生产程序(表1-6)

表1-6　良种生产程序及技术要点

生产程序	技术要点
种子田的选择	(1)交通便利、隔离安全、地势平坦、土壤肥沃、排灌方便、旱涝保收。 (2)实行合理轮作倒茬,避免连作危害。 (3)病、虫、杂草危害较轻,无检疫性病、虫、草害。 (4)同一品种的种子田最好集中连片种植

续表 1-6

生产程序	技术要点
种子田的面积	$$种子田面积(hm^2)=\frac{下年大田播种面积(hm^2)\times 播种量(kg/hm^2)}{种子田产量(kg/hm^2)\times 种子用价(\%)}$$ 其中，下年大田播种面积与每公顷播种量的乘积即所需种子量。为保证供种数量，种子田应按估计数字再留有余地。一般情况下，水稻种子田面积约占大田播种面积的 3%～5%，大、小麦占 5%～10%，棉花占 15%～20%，大豆占 5%～7%，谷子、油菜、芝麻占 1%～2%
种子田的管理	(1)在种子田的田间布局上要便于田间管理和去杂去劣工作。 (2)精心管理，做到适时播种、适当稀植、加强肥水管理，使植株生长发育良好，提高繁殖系数。 (3)在生育期间要分期去杂去劣，防止生物学混杂。 (4)种子田收获时，要单独收、打、晒、藏，严防机械混杂

2. 在查阅资料的基础上，按照制订的调查方案，通过走访当地农业管理部门、农业技术人员、农业合作组织负责人、家庭农场主等，了解当地作物种子生产程序

3. 任务小结

(1)根据大田参观，每人画出一份种子生产田间示意图。并标注出各级种子(系圃)位置。

(2)在教师指导下分组讨论，比较各种各类种子混杂的原因。

(3)每组选一个代表在全班发言，总结参观过程。教师参与讨论过程并指导，对各组进行评价。

三、讨论与巩固

1. 什么是品种混杂和品种退化？

2. 防止品种混杂退化的措施有哪些？

3. 什么是原种？简述三年三圃制原种生产程序。

项目二 大田作物种子生产技术

【学习目标】

1. 熟悉大田作物各品种主要性状及识别方法；
2. 学会各大田作物防杂保纯方法；
3. 学会各大田作物原种及良种的生产程序及技术；
4. 学会种子生产实验、实训常见仪器设备的使用，能规范操作及简单维护；
5. 对种子生产中的一些突发事件，能提出针对性的应对措施。

【工作任务描述】

本项目分为小麦、玉米、水稻、棉花、大豆、甘薯、马铃薯、油菜种子生产技术8个任务。通过本项目任务的学习与操作，让学员熟悉当地大田作物各品种主要性状的识别方法，学会各大田作物原种及良种的生产程序与技术操作规程；通过实践操作，培养学员观察记录、对比分析、规范操作、精益求精、沟通协作等职业素质。

【思维导图】

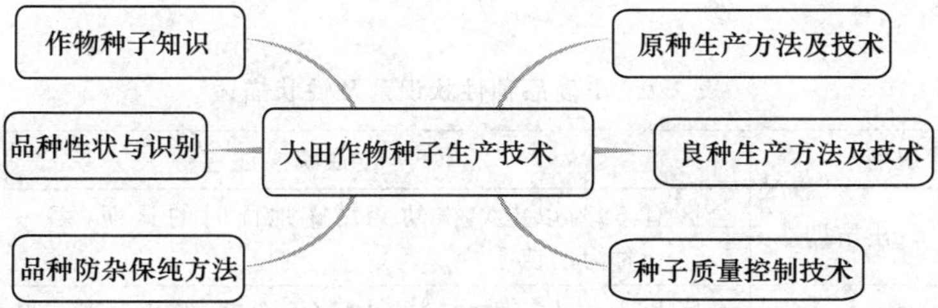

任务一 小麦种子生产技术

一、学习准备

(一)知识准备

1. 小麦种子形态结构

普通小麦的籽粒不带稃壳,由胚、胚乳和皮层三部分组成。不同小麦品种种子的大小、形状、颜色有所不同。小麦种子的腹面有一纵沟,成为腹沟。胚在种子背面的基部,由胚芽、胚轴、胚根、盾片四部分组成。种子另一端有茸毛,如图 2-1。小麦腹沟的宽窄,深浅以及茸毛的疏密程度,都可以作为鉴别品种的依据。

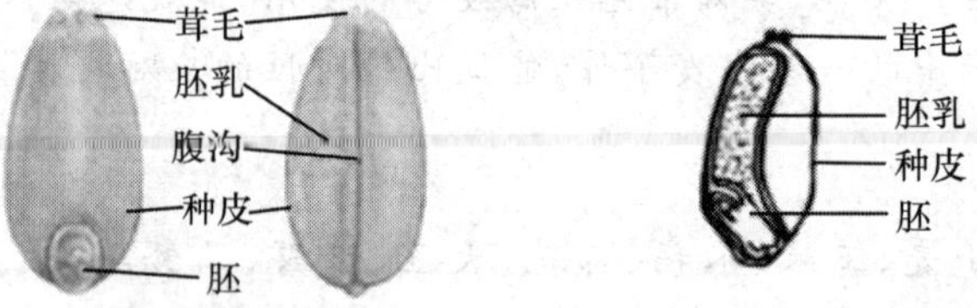

图 2-1 小麦种子结构图

2. 小麦品种主要性状及识别

小麦类型多种多样,不同类型不同品种之间的物候期、植物学特征、生物学特性、经济性状等方面差异很大,我们应正确识别小麦品种的主要性状。小麦品种性状见表 2-1。

表 2-1 小麦品种性状识别及性状描述

性状识别		性状描述
物候期	出苗期	全区有 50%以上单株幼芽鞘露地面时的日期,第一叶伸出芽鞘 1.5 cm时为出苗
	抽穗期	全区 50%以上麦穗顶端的小穗(不含芒)露出叶鞘或叶鞘中上部裂开见小穗的日期
	成熟期	麦穗变黄,全区有 75%以上植株中部籽粒变硬,麦粒大小和颜色接近正常,胚乳由面筋状变成蜡质状,手捏不变形,可被指甲切断的日期

续表 2-1

性状识别		性状描述
植株性状	幼苗生长习性	分为直立、匍匐和半匍匐 3 种。在出苗后 45 d 左右调查
	株型	紧凑型:抽穗后根据主茎与分蘖茎间的夹角小于 15° 松散型:抽穗后根据主茎与分蘖茎间的夹角大于 30° 中等类型:介于紧凑型和松散型之间
	株高	分蘖节或地面至穗顶(不含芒)的高度, 以“cm”表示,10 株平均
	植株整齐度	整齐:主茎与分蘖株高相差不足 10% 中等:主茎与分蘖株高相差 10%～20% 不整齐:主茎与分蘖株高相差 20%以上
	叶色	分深绿、绿、浅绿 3 种,一般在拔节后调查
	耐寒性	在返青前调查,分 5 级。 0 级:无冻害 1 级:叶尖受冻发黄干枯 2 级:叶片冻死一半,但基部仍有绿色 3 级:地上部分枯萎或部分分蘖冻死 4 级:地上全部枯萎、植株冻死
	倒伏性	0 级:未倒或与地面角度大于 75° 1 级:倒伏轻微,角度在 60°～75° 2 级:中度倒伏,角度在 30°～60° 3 级:倒伏严重,角度在 30°以下
	落黄性	根据穗、茎、叶落黄情况分好、中、差三级
穗部性状	穗形(图 2-2)	纺锤形:穗的中部稍大,上部和下部逐渐变小 方形:穗子上、中、下粗细相近 圆锥形:穗子下粗上细,呈圆锥形 棍棒形:穗子下部较细,上部较粗(因小穗着生紧密),呈大头状 椭圆形:穗短,中部大,两头稍小,近似椭圆状 分枝形:小穗长,有分枝
	穗长	主穗基部小穗节至顶端(不含芒)的长度, 以“cm”表示,10 株平均
	穗色	分白(黄)、黑、红色 3 种
	小穗密度	测定 10 穗平均。计算公式 $小穗密度=\frac{小穗数(包括不实小穗)}{穗长(cm)}$

续表 2-1

性状识别		性状描述
穗部性状	穗层整齐度	分整齐、中等、不整齐 3 种
	芒长短	无芒：完全无芒或很短(3 mm 以下) 顶芒：穗顶部小穗有少数短芒(5 mm 以下)穗下部无芒 短芒：穗的上下均有芒，芒长 40 mm 以下 长芒：小穗外颖都有芒，芒长 40 mm 以上
	芒色	分白(黄)、黑、红色 3 种
	稃毛	指护颖和外颖的边缘部分茸毛的有或无
粒部性状	粒形 (图 2-3)	长圆形：籽粒细长，上、中、下宽度相差不大 卵圆形：下部宽、顶部狭窄 椭圆形：中部宽，上部和下部窄 圆形：籽粒短而圆，上、下的宽度比中部稍窄
	粒长	长粒：粒长大于 8 mm 中粒：粒长在 6～8 mm 短粒：粒长小于 6 mm
	粒色	分白(白到淡黄)、红(淡褐色、红褐色和玫瑰色)两种
	粒质	用刀片切断麦粒，观察其断面硬质(半透明)所占面积，分三级。 硬质：横断面硬质部分超过 70% 半硬质：横断面硬质部分在 30%～70% 软质：横断面角硬部分低于 30%
	籽粒饱满度	分饱满、半饱满、秕 3 种
	千粒重/g	随机取晒干的小麦粒，称每千粒的重量(g)，重复 2 次。 如两份重复的差数与平均数之比不超过 5%， 则以其平均值表示；如相差过大，宜再取样，重新称重计算

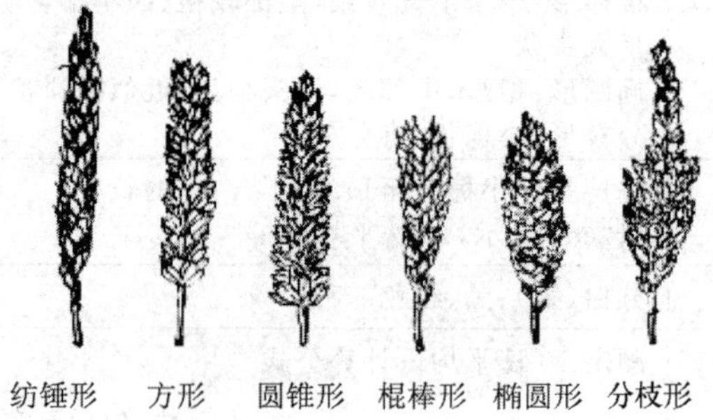

图 2-2 麦穗

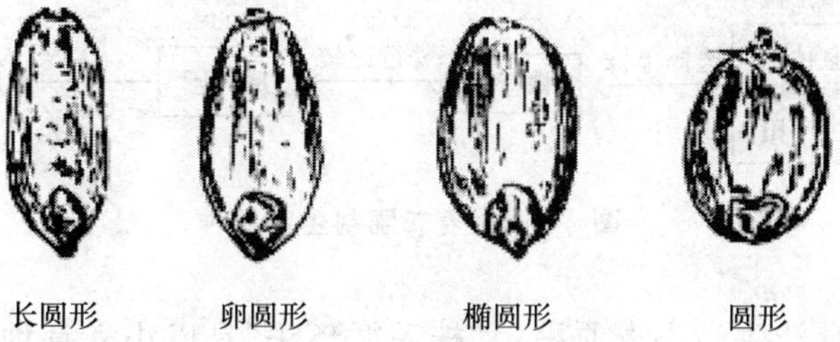

图 2-3 小麦籽粒形

3. 小麦原种生产基本方法

(1)利用育种家种子直接繁殖原种 育种家可一次扩繁可供多年利用的种子，贮存于低温库中，每年提供相应量的种子，或由育种家按照育种家种子标准每年进行扩繁，提供种子，见图 2-4。这种由育种家种子直接加代繁殖生产小麦原种方法简单可靠，可以有效地保证种子纯度。

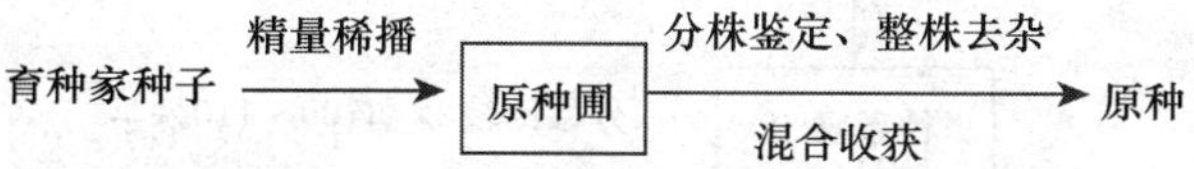

图 2-4 育种家种子直接生产原种

(2)小麦三圃制生产原种 三圃制是我国小麦原种生产的传统方法，一般需要3年完成，主要经过单株(穗)选择、株(穗)行鉴定、株(穗)系比较和混合系繁殖四个环节。见图 2-5。

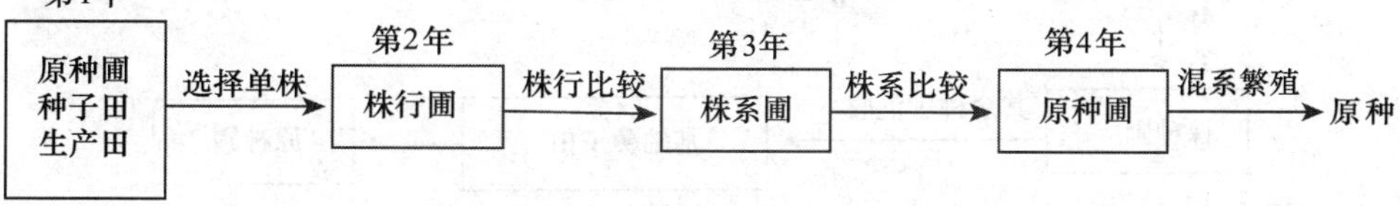

图 2-5 小麦三圃制原种生产

(3)小麦二圃制生产原种 小麦二圃制生产原种，是在小麦良种生产田选择典型优良单株(穗)，下年种成株(穗)行圃，进行株(穗)行比较，将入选的株(穗)行混合收获，下年进入原种圃生产原种，这种方法只经过单株(穗)选择、株(穗)行鉴定和原种圃，省略了株(穗)系圃。见图 2-6。

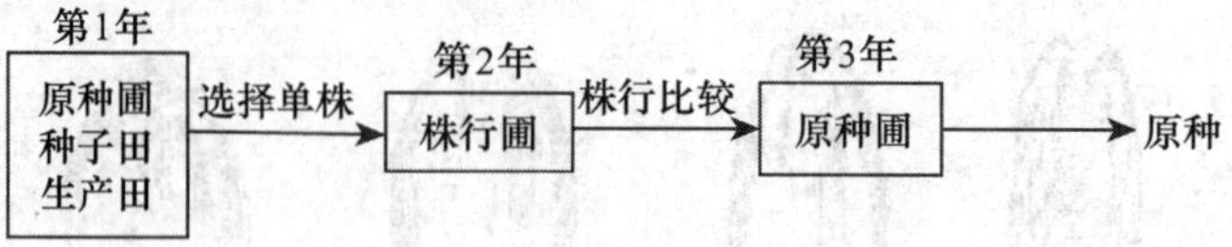

图 2-6 小麦二圃制生产原种

(4)株系循环法生产小麦原种 “株系循环法”是以小麦育种单位的原种为材料,以品种的典型性和整齐度为主要选择标准,对株系进行连续选择鉴定的生产原种方法。此法的关键是建立好基础群体,最初的单株选择数量要大,目标要准,以后的原种生产均是在此基础上扩大繁殖。其程序见图 2-7。

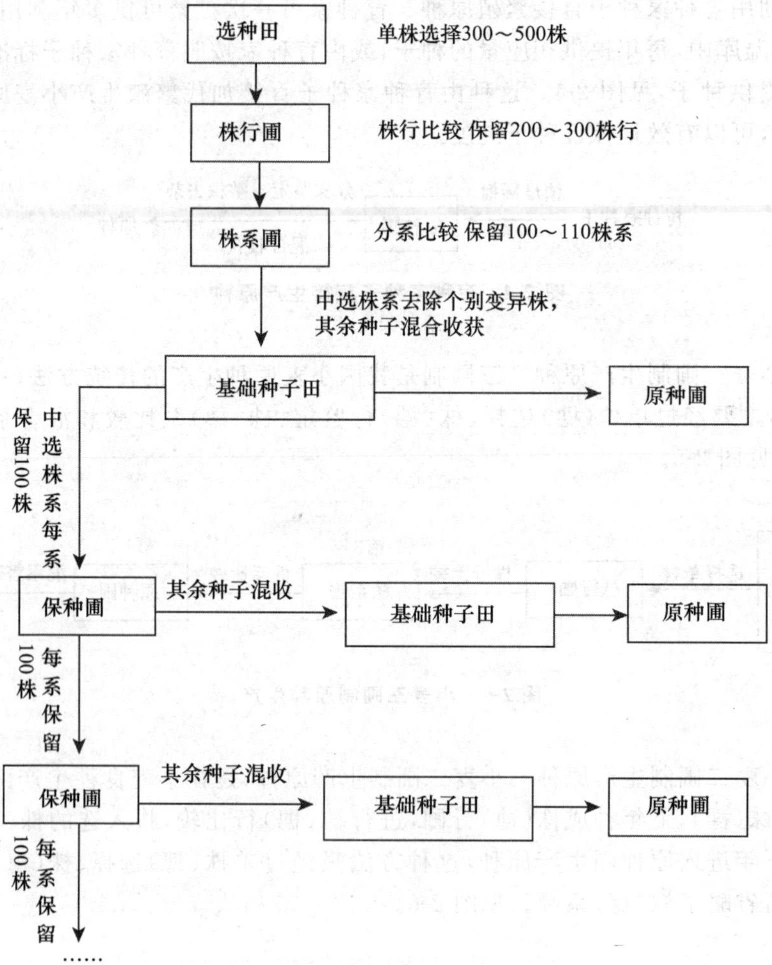

图 2-7 株系循环法生产小麦原种

(5)四级种子生产小麦原种　“四级种子生产程序”是应用重复繁殖技术路线，把繁育种子按世代高低和质量标准分为四级，即育种家种子、原原种、原种和良种的逐级繁殖程序。由育种者亲自提供种子，整个过程只坚持严格防杂保纯措施，不进行人工选择，不需要年年选单株、种株行，操作简便，经济省工。其程序见图 2-8。

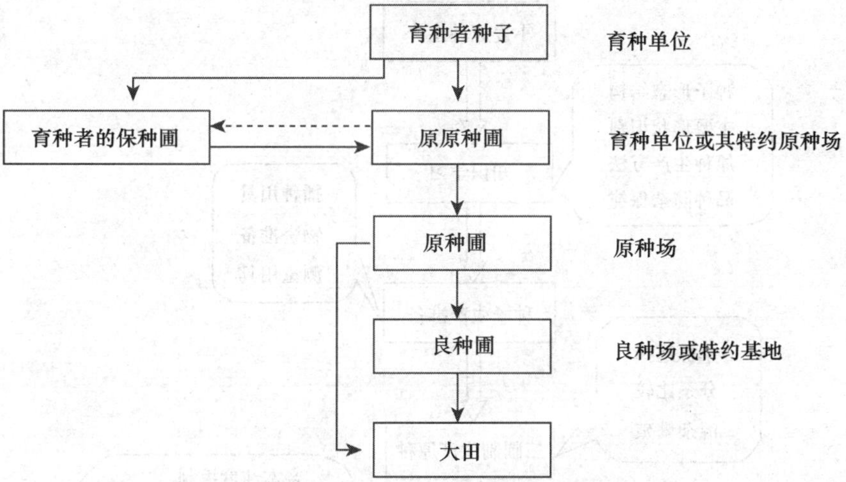

图 2-8　小麦常规品种四级种子生产程序图

4. 小麦良种生产方法

目前，我国小麦生产用种实行良种化。小麦良种是由原种繁殖的第一代种子。其生产原理和技术与原种生产相近。一般可根据需要建立一级种子田和二级种子田，扩大繁殖。种子田的大小根据所需种子的数量确定。

利用原种繁殖良种的种子田称为一级种子田。当一级种子田生产的种子数量不能满足全部大田用种时，可建立二级种子田。二级种子田种子来源于一级种子田，其生产面积较大，利于快速推广优良品种。

(二)仪器设备准备

(1)播种用具　锄头、铁锹、铁耙、拉线绳、肥料桶等。

(2)物资准备　小麦亲本种子、有机肥、化肥等。

(3)测量用具　卷尺、直尺、刀片、天平、标签、铅笔。

二、项目设计与实施

(一)原种生产项目任务设计

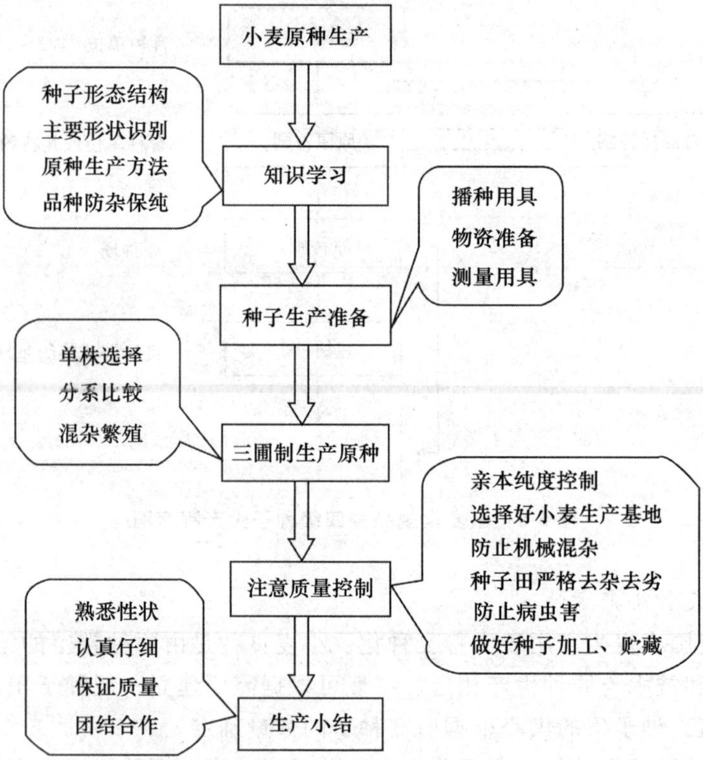

(二)良种生产项目任务设计

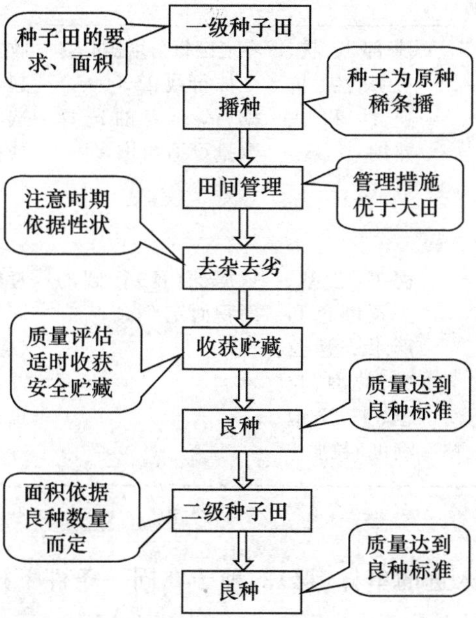

(三)原种生产项目任务实施

1. 单株(穗)选择

在本地或外地的原种圃、决选的株系圃以及种子繁殖田中,根据生育期、株型、叶型、穗型、粒型以及抗病性和抗逆性等主要农艺性状选择具备原品种典型性、丰产性的优良单株(穗)。其工作要点见表2-2。

表2-2　单株(穗)选择技术要点

工作环节	选择材料	选择时期	依据性状	选择数量	注意事项
初选	原种圃 株系圃 种子田	抽穗至灌浆阶段	株型、株高、抗病性、抽穗期	考虑到复选、决选和其他损失,在选择数量上应留有足够的余地	对选择的单株做好标记

续表 2-2

工作环节	选择材料	选择时期	依据性状	选择数量	注意事项
复选	初选单株	成熟阶段	穗部性状、抗病性、抗逆性和成熟期	冬麦区每公顷需4 500个株行或15 000个穗行，春麦的选择数量可适当增多	收获时，将入选单株连根拔起，每10株扎成一捆；如果选穗，中选的单穗，应保持穗秆长15～20 cm，每50穗扎成一捆。每捆系上2个标签，注明品种名称
决选	复选单株	室内考种	穗型、芒型、护颖颜色和形状、穗粒数、粒型、粒色、籽粒饱满度、粒质	依据株（穗）行圃的面积而定	考察项目中有1项不合格即予淘汰。入选者按单株（穗）分别脱粒、装入小纸袋并编号，晒干后单藏。防止虫蛀、霉变、混杂以及鼠雀等危害

2.株（穗）行圃

将上年室内考种入选的单株（穗）的种子在同一条件下按单株（穗）分行种植，建立株（穗）行圃。

（1）播种　采用单粒点播或稀条播，每株播2～4行区，如果是单穗，则播1行区，行长200 cm，行距20～30 cm，株距3～5 cm，按行长划排，排间及四周留50～60 cm的田间走道。每隔9个或19个株（穗）行设1个对照，以便观察比较，四周设保护行和25 m以上的隔离区。对照和保护区采用该品种的原种。播前绘制好田间种植图，按图种植，按顺序编号插牌。

（2）田间观察记载　在小麦不同生育阶段，要分别与对照进行比较鉴定，淘汰混杂的、生长势弱、典型性不强的不良株（穗）行。对不同的是时期发生的病虫害、倒伏等要记明程度和原因。在株行鉴定这一工作环节需鉴定的主要性状。见表2-3。

表2-3　株行鉴定工作环节需鉴定的主要性状

鉴定时期	鉴定性状
幼苗阶段	幼苗生长习性、叶色、生长势、抗病性、耐寒性等性状
抽穗阶段	株型、叶型、抗病性和抽穗期等性状
成熟阶段	株高、穗部性状、芒长、整齐度、抗病性、抗倒伏性、落黄性和成熟期等
考种阶段	粒形、粒色、籽粒饱满度和粒质

(3)收获保存 在成熟时期,通过鉴定符合原品种典型性的优良株(穗)行分别收获,进行室内考种,最终决选的株(穗)行分别装袋、保管、严防机械混杂,下年种于株(穗)系圃。

3. 株(穗)系圃

(1)播种 上年入选的株(穗)行种子分别种植,建立株(穗)系圃。播种采用稀条播,每个株(穗)行的种子播一小区,小区长宽比例以(3∶1)~(5∶1)为宜,面积与行数依种子量而定,每隔 9 个小区设一对照,其他要求等同株(穗)行圃。

(2)选择鉴定 株(穗)系圃的田间观察同株(穗)行圃,典型性状符合要求的株(穗)系,杂株率不能超过 0.1%,如果杂株率不符合这一要求,则拔除杂株后可以入选,入选系分别收获、脱粒、称重。

(3)室内考种 对当选株系分别取样进行考种,从粒形、粒色、籽粒饱满度、粒质以及千粒重和容重 6 个方面严格考察,最后进行综合评定、决定取舍,当选株系的产量不应低于邻近对照。

4. 原种圃

将上年当选株(穗)系的种子混合稀播于原种圃,进行扩大繁殖,一般行距20~25 cm,播量 60~75 kg/hm^2。在抽穗阶段和成熟阶段分别进行纯度鉴定,严格拔除病、杂、弱株。最后混合收获、脱粒,由原种圃生产出来的种子即为原种,供生产良种使用。

(四)良种生产项目任务实施

(1)选好种子田 选择土壤肥沃,地势平坦、地力均匀、前茬一致、排灌方便、不受畜禽危害的地块。同一品种尽量连片种植。

(2)加强田间管理 种子田采用稀条播,播量 60~75 kg/hm^2,田间管理应优于一般大田,以提高繁殖系数和保证种子质量。

(3)严格去杂去劣 在抽穗至成熟期根据株型、株高、抽穗早晚、穗部性状等多次去杂,严格剔除杂株、劣株,并整株拔除,带出田外。

(4)严防机械混杂 从播种至收获、脱粒、运输、加工、贮藏 ,任何一个环节都要采取措施,严防机械混杂。

(5)收获贮藏 在收获前对生产田进行估产和种子质量进行评估。对于田间检验合格的种子田,适时收获、安全贮藏。

三、讨论与巩固

(1)小麦品种的主要性状有哪些?其识别标准是什么?

(2)分析小麦品种混杂退化的主要原因及其防杂保纯措施。

(3)分析比较小麦三圃制原种生产、株系循环法原种生产以及四级种子生产原种的程序特点。

(4)小麦原种生产程序中,单株选择技术是什么?

任务二　杂交玉米种子生产技术

一、学习准备

(一)知识准备

1. 玉米的花器构造

(1)玉米雄花　玉米雄花序即雄穗,属圆锥花序,着生在茎顶端,由主轴、分枝、小穗和小花组成。主轴与茎顶端相连,上面着生 15～25 个分枝,多达 40 个。主轴上着生 4～11 行成对排列的小穗,分枝上着生两行成对排列的小穗。小穗外有护颖两片,内包两朵小花。每朵小花有内、外稃各 1 片,3 个雄蕊和 1 个退化的雌蕊,雄蕊由花丝和花药组成(图 2-9)。

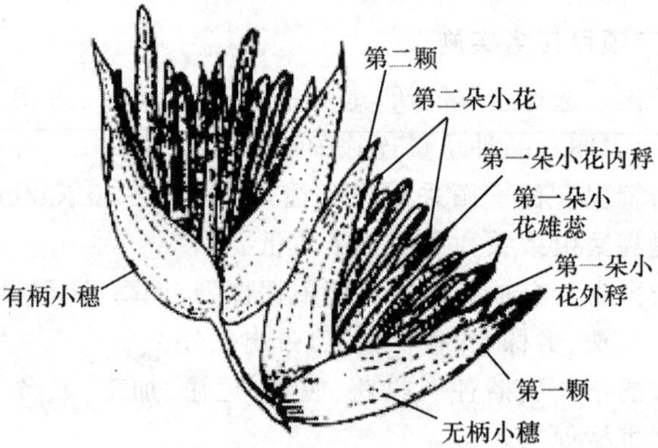

图 2-9　玉米雄小穗

(2)玉米雌穗　玉米雌穗又叫果穗,属肉穗花序,着生在植株中部叶腋处。雌穗一般是由植株从上往下数第 6、7 或第 8 节的腋芽发育而成,属于变态茎。雌穗由穗柄、苞叶、穗轴和小花组成(图 2-10)。

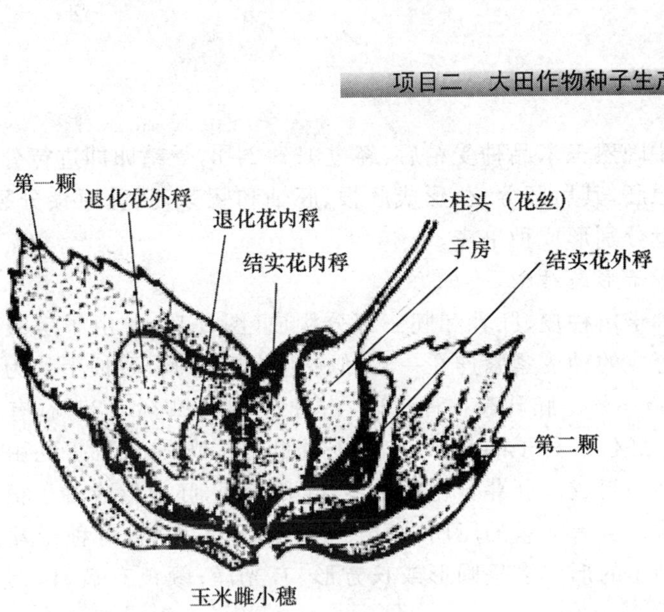

图 2-10　玉米雌小穗

穗柄和苞叶由腋芽延伸而成。穗轴一般 8～12 节，每节长有一片只有叶鞘的变形叶，称为苞叶。苞叶中央为穗轴，穗轴粗大，其上着生纵行成对排列的无柄雌小穗，小穗基部有两片护颖，内含两朵小花，基部小花不育，上面一朵为正常花，受精结实，故玉米果穗上的籽粒行数常是偶数。结实小花由内稃、外稃、子房、花柱和柱头组成。花柱的柱头为丝状，顶端二裂，成熟时抽出苞叶之外，称为“吐丝”。花丝长满茸毛，能分泌黏液，使玉米花丝具有较强的受粉能力。

2. 玉米开花结实习性

玉米为雌、雄同株异花作物，一般天然杂交率在 95%以上，属于典型的异花授粉作物。一般玉米品种抽雄后 2～5 d 开始散粉，一个雄穗的散粉时间为 7～8 d，其中第 3～4 天花粉量最大。全天上午 8～10 h 开花最多，占全日开花数的 60%以上。一个雄穗先是主轴开花，然后各分枝陆续开放，主轴和各分枝均是中上部先开花，然后向上向下依次开放。

雌穗通常在雄穗抽雄 2～4 d 后才吐丝。花丝的抽出顺序一般是果穗的中下部花丝先抽出，然后向上向下依次抽出，果穗顶部的花丝最后抽出。一个果穗花丝的抽出时间为 4～5 d，第 3 天抽出量最大。花丝一般长 20～30 cm，其生活力可持续 10～15 d，但以抽出后 2～5 d 授粉结实最好；花丝未受精时色泽鲜艳，一旦受精便凋萎变褐。玉米花粉的生命力一般只能保持 2～3 h，上午花粉生命力较强，授粉结实率较高。成熟的花粉粒落在花丝上，1～2 h 即可萌发，24～36 h 即可完成受精过程。一般中晚熟玉米品种受精后，经过 15～24 h，受精卵即进行分裂，8～10 d 受精卵便形成原胚，其后胚分化，形成胚根、胚轴和胚芽，胚乳原核分裂发育成胚乳，珠被和子房壁分别形成种果皮。

3. 玉米种子形态结构

玉米的种子由种皮、胚乳和胚三部分构成(图 2-11)。由子房壁发育成的果皮和由胚珠发育成的种皮紧紧连在一起，似一层角质薄膜，习惯上称为种皮。种皮占种子重量 5%～8%。胚乳包在种皮内，占种子重的 80%～85%，有粉质胚乳和角质胚乳之分。胚位于种子的基部，占种子重量的 10%～15%。胚由胚芽、胚轴、胚根和盾片(子叶)组成。胚芽分化产生茎、叶和节根，胚根形成种子根。胚轴连接胚根和胚芽。盾片含有大量的脂肪、糖分、蛋白质和多种酶，对种子发芽和生长十分重要。玉米种子的形状多呈圆形或长方形，有光泽；颜色有黄、白、紫、红、花斑等；一般百粒重为 25～35 g。

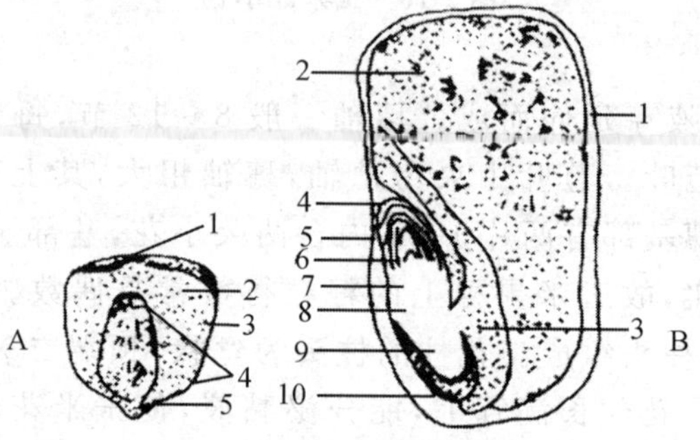

图 2-11 玉米种子形态结构

A. 玉米种子外形：1. 花柱遗迹 2. 胚乳 3. 种皮 4. 胚 5. 果柄

B. 玉米种子纵切面：1. 种皮 2. 胚乳 3. 盾片 4. 胚芽鞘 5. 叶片(5 个) 6. 茎叶端(生长点) 7. 中胚轴 8. 根原基(次生胚根) 9. 胚根 10. 胚根鞘

4. 玉米品种主要性状及识别

(1)根据玉米籽粒的形态与结构特点，可将玉米分为 9 个遗传类型(表 2-4)。

表 2-4 玉米种子类型及其特点

序号	遗传类型	籽粒的特点描述
1	马齿型	籽粒周围为一层薄的角质胚乳、顶部及中央为粉质胚乳，籽粒成熟时因粉质胚乳缩水而是顶部出现凹陷和褶皱。籽粒大、扁长形或楔形，棱角分明，形似马齿

续表 2-4

序号	遗传类型	籽粒的特点描述
2	硬粒型	籽粒顶部和四周均角质胚乳、中心部分为粉质胚乳；籽粒圆而短小，外表平滑有光泽，质地坚硬
3	半马齿型	它是由硬粒型和马齿型玉米杂交而来。籽粒顶端凹陷较马齿型浅，有的不凹陷仅呈白色斑点状。顶部的粉质胚乳较马齿型少但比硬粒型多，品质较马齿型好
4	爆裂型	胚乳几乎全部是角质胚乳。籽粒小，质地坚硬、光亮。籽粒遇热膨胀，适用于爆玉米花和爆制膨化食品
5	甜质型	又称甜玉米、水果玉米、蔬菜玉米，由硬粒型玉米胚乳皱缩突变而来。籽粒富含糖分，成熟后籽粒果皮皱缩
6	蜡质型	又称糯玉米、黏玉米，由硬粒型玉米基因突变而来。籽粒平滑、坚硬、无光泽；胚乳全部角质，不透明果穗筒状，外观酷似蜡状
7	粉质型	又称软质型、软粒玉米。果穗和籽粒外形与硬粒型相似，籽粒全部由粉质胚乳组成
8	甜粉型	为甜质型的一个突变体，籽粒上半部是角质胚乳，下半部为粉质胚乳
9	有稃型	又称有稃玉米、麦玉米。玉米的一个原始类型，果穗上每一个籽粒的外面均有长大的稃所包被，自交不孕

(2)玉米品种的主要性状及识别(表 2-5)

表 2-5　玉米品种性状识别及性状描述

农艺性状识别		性状描述
植株性状	株型	紧凑型：品种穗位以上叶片茎叶夹角小于 20°，直立上举，穗位以下叶片茎叶夹角小于 35°。 平展型：品种穗位以上叶片茎叶夹角大于 35°，穗位以下叶片茎叶夹角大于 50°，平展下披。 半紧凑型(中间型)：品种穗位以上叶片茎叶夹角为 20°～35°，较直立上举，穗位以下叶片茎叶夹角为 35°～50°，较平展
	株高	株高：自地面至雄穗顶的高度，取 10～20 株平均，以“cm”表示
		生产上通常把植株高于 2.7 m 以上的称为高秆型，2～2.7 m 的为中秆型，2.0 m 以下的为矮秆型
		茎由节和节间组成，一般玉米有 16～24 个节。按其着生的位置不同，分为地下茎节和地上茎节。地下茎节不伸长或很少伸长，地上茎节伸长，其节长度不同

续表 2-5

农艺性状识别		性状描述
植株性状	穗位高	植株着生果穗的节至地面茎的高度，以“cm”表示
	苗期叶色	分为：浅绿、绿、深绿、绿紫等
	茎色	蜡熟期后植株的颜色分为：浅绿、绿、深绿、浅紫、紫、深紫等
	颖色	抽雄期雄穗外颖颜色分为：浅绿、绿、深绿、浅紫、紫、深紫等
	花药色	雄穗散粉期花药颜色分为：绿、黄、橙、浅紫、紫、深紫等
	花丝色	雌穗花丝颜色分为：浅绿、绿、黄、橙黄、粉、紫红、深紫、上粉下绿等
	双穗率	成熟后一株结 2 个果穗的植株占全区株数的百分株率
	空秆率	成熟后调查没有果穗、果穗不发育或果穗结实 20 粒以下的植株占全区株数的百分率
	倒折率	收获前期，果穗以下部位折断的植株占全区株数的百分率
	倒伏性	倒伏度：植株倒伏的程度分 4 级。0 级：植株直立；1 级：植株倾斜 30°；2 级：植株倾斜 60°；3 级：植株全部倒伏
		倒伏率（根倒）：倾斜度大于 45°的植株占全区株数的百分率
	穗形	穗形：纺锤形、筒形、锥形等
果穗性状	穗长	自果穗基部量至果穗顶部的长度（不包括果穗柄），以“cm”表示，有代表性 10 穗的平均值，以“cm”表示
	穗粗	将取样的 10 个果穗头尾相间排成一行，测量果穗中间直径，求其平均值，以“cm”表示
	穗色	分白、黄、红、紫色 4 种
	穗行数	选有代表性 10 个果穗，数其穗中部的籽粒行数，求其平均值
	行粒数	每穗数一中等长度行的粒数，10 穗求其平均值
	穗粒数	每果穗上的全部粒数，10 穗求其平均值
	轴色	分白、粉、红、紫色 4 种
	秃尖长度	果穗顶端未结粒部分长度，10 穗求其平均值，以“cm”表示
	秃尖度	秃尖长度占果穗长度的百分数，10 穗求其平均值
	粒型	马齿型、硬粒型、半马齿型

续表 2-5

农艺性状识别		性状描述
粒部性状	粒色	黄、白、红、紫色等
	粒质	硬质种、粉质种、蜡质种、甜质种
	籽粒饱满度	分饱满、半饱满、秕 3 种
	百粒重/g	随机取 100 粒称重，重复取样 3 次，两份重复的差数与平均数之比不超过 5%，以其平均值表示，用"g"表示

(二)仪器设备准备

(1)播种用具　有锄头、铁锹、铁耙、拉线绳、肥料桶等。

(2)物资准备　有玉米亲本种子、有机肥、化肥等。

(3)测量用具　卷尺、直尺、刀片、天平、标签、铅笔。

(4)授粉工具　半透明的硫酸纸袋、竹筒或纸筒、背负式动力喷雾器等。

二、项目设计与实施

(一)项目任务设计

1. 玉米自交系的繁殖与防杂保纯项目任务设计

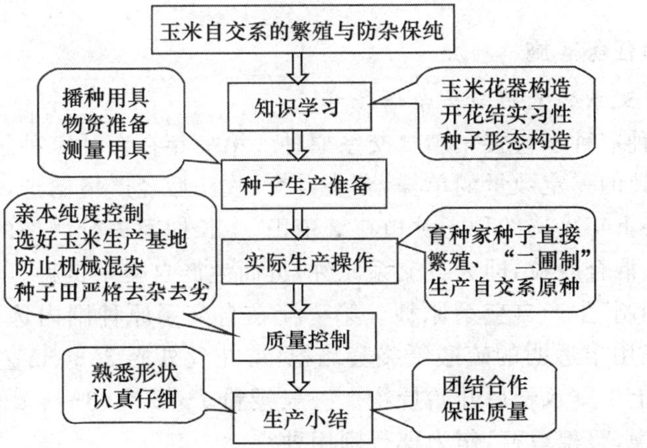

2.杂交玉米制种生产项目任务设计

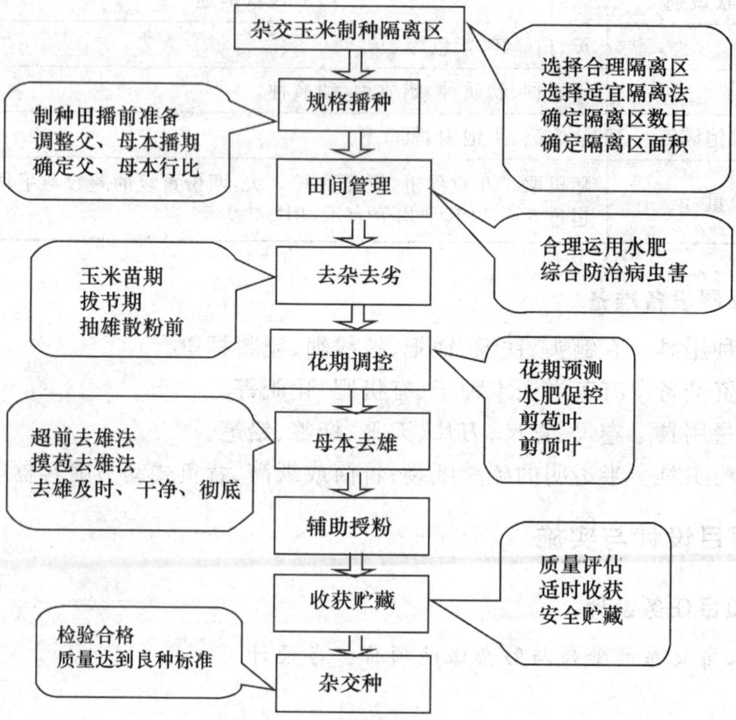

(二)项目任务实施

1.玉米自交系的繁殖与防杂保纯

(1)由育种家种子直接繁殖自交系原种　第一年在育种家种子繁殖田,选性状优良,典型一致的一定数量的单株,套袋自交,收获后经严格穗选,晒干混合脱粒保存。第二年将上年入选的种子种植在繁殖田,生长期间进行严格的去杂去劣,收后再穗选、晒干、混合脱粒,即为自交系原种,进而生产自交系良种。

(2)"二圃制"生产自交系原种　第一年在自交系原种圃内选优良株自交。花丝未露出前先用半透明的硫酸纸袋套雌穗,待花丝外露 3.3 cm 左右,当天下午套好雄穗,次日上午露水干后开始授粉。一般授粉 1～2 次,3～5 d 内结束。收获期按穗单收,干燥,整穗单存,作为穗行圃用种。

第二年将上年决选单穗在隔离区内每个自交系种 50 个以上的穗行,每行种 40 株的穗行圃;生育期间要观察记载建档案,在出苗至散粉前对植株去杂去劣,决选的优行经室内考种筛选,合格者混合脱粒,作为原种圃用种。

第三年将上年穗行圃种子在隔离区内种成原种圃,在生长期间对植株去杂去劣，全部杂株最迟在散粉前拔除。收后对果穗进行纯度检查分选（杂穗率≤0.01%）脱粒，所产种子即为原种。

（3）自交系的保纯繁殖　一般自交系的保纯繁殖常采用穗行选优保纯法。该法是在纯度较高的玉米自交系繁殖田中，选择120～150个典型的优株套袋自交。收获后再经过室内穗选，保留100个标准果穗，分别脱粒，单独保存，其余去杂去劣后作为大田制种用。第二年，将100个标准果穗分别种成小区。在整个生育期详细观察，对整齐度高、典型性好的小区进行标记。同时对出现混杂退化的小区于开花前彻底去雄，成熟后将选中的小区全部收获，并进行严格穗选脱粒保存，作为下年的原种繁殖材料。其余穗行小区如果退化轻微，在去杂去劣后，可作大田制种材料。第三年，将上年保存的种子在隔离区扩大繁殖，在生长期间，严格去杂去劣，并从中继续选株自交，作为第二轮材料。其余的混合收获，经过穗选脱粒作为原种。

（4）自交系提纯繁殖　穗行鉴定提纯法对混杂较轻（杂株率在10%以下）的自交系效果较好，操作技术见表2-6。

表2-6　穗行鉴定提纯操作技术要点

时间	技术要点
第一年	在自交系繁殖田里，选择典型优良单株套袋自交。自交果穗经田间及室内复选后，当选果穗分别编号登记，单独脱粒、保存
第二年	将上年当选的果穗按编号顺序，播种在安全隔离区内，每穗一区，每区3行，行长5 m，行距60 cm，株距30 cm。在生育期间严格去杂去劣后，选典型优良的穗行进行标记。收获时再穗选后混合脱粒保存，作为下年配制杂交种的一级种子

穗行测交提纯法适用于生产上使用多年、混杂较重的亲本自交系进行提纯。其技术要点见表2-7。

表2-7　穗行测交提纯法主要技术要点

时间	工作环节	技术要点
第一年	在两个亲本自交系繁殖田中选优株自交和测交	选择自交系（A）中典型优良单株100～200株，人工套袋自交；同时，对原组合的另一个亲本自交系（B）选择优良单株，于吐丝前将雌穗套袋，用自交系A中的花粉分别与自交系B的套袋雌穗进行测交，配成测交种，一般每个当选植株测交5～6穗，各测交果穗要与相应的自交果穗成对编号。自交株收获时，进行决选，单穗脱粒，分别保存，作为下年穗行鉴定材料。测交果穗同一组合的果穗混合收获，穗选后，混合脱粒保存，供下年进行配合力鉴定

续表 2-7

时间	工作环节	技术要点
第二年	穗行鉴定	在隔离区内，将上年决选的自交果穗按编号顺序种成穗行，每穗种一个小区。根据品种的性状特征进行田间调查，保留性状好的穗行
	穗行测交鉴定	在进行穗行鉴定的同时，将相对应的各测交种进行穗行配合力测定，为穗行决选提供依据。其方法是：将各测交种按穗行顺序种植，每个测交种种植 3 行，行长 5 m，行距 60 cm，株距 30 cm，重复 2～3 次，每隔 10 个小区用同一组合的纯种种子作为对照。收获后进行产量分析，选出与对照产量接近或比对照产量高的测交组合
	优良穗行决选	根据穗行鉴定、穗行测交组合配合力测定结果，选出性状典型一致，配合力高的穗行，混合脱粒，供下年繁殖原种
第三年	繁殖原种	将上年经决选的优良穗行种子混合繁殖。在生长期间严格去杂去劣，收获后进行穗选，晒干后混合脱粒，即为提纯后的原种，供原种扩大繁殖和大田制种用

穗行半分提纯法简单省工，适用于混杂较轻的自交系提纯，技术要点见表 2-8。

表 2-8　穗行半分提纯法主要技术要点

时间	工作环节	技术要点
第一年	选株自交	在亲本自交系繁殖田，选 100～200 株优良单株套袋自交，收获后室内决选出 80～150 个标准果穗，编号后单独脱粒保存
第二年	穗行鉴定	将上年中选果穗的种子取 1/3，在田间按编号顺序种成穗行。根据田间观察和室内鉴定，选优良典型穗行。剩余的 2/3 种子妥善保存，根据田间和室内评定结果，将中选果穗混合脱粒、保存，用作下年繁殖原种
第三年	原种繁殖	将中选果穗混合脱粒后的种子，在隔离区内繁殖。经田间和室内多次去杂去劣后，将中选果穗晒干混合脱粒，即为原种

2. 杂交玉米制种生产

(1)安全隔离　繁育自交系的地块称为自交系繁殖隔离区；配制杂交种的地块称为杂交制种隔离区。隔离区的设置，技术要点见下表 2-9。隔离方法，技术要点见表 2-10。

表 2-9 设置隔离区的主要技术要点

工作内容	技术要点
基地与隔离区	应选择自然条件好、具有隔离优势的地区
隔离区的数目	一般玉米单交制种应设 3 个隔离区：即 2 个亲本自交系隔离区和 1 个杂交制种隔离区
隔离区的面积	确定隔离区面积，主要根据下年大田生产需要杂交种子数量和杂交制种的平均单产，以及亲本自交系的繁殖产量计算。

注：计算公式：

$$杂交制种田面积(hm^2)=\frac{下年用种量(下年播种面积\times单位面积播种量)}{当年母本平均单位面积产量\times母本行比\times种子合格率(\%)}$$

$$亲本繁殖区面积(hm^2)=\frac{下年制种面积\times单位面积播种量\times行比}{亲本单位面积产量\times种子合格率(\%)}$$

表 2-10 隔离方法的主要技术要点

隔离方法	技术要点
空间隔离	一般要求亲本自交系繁殖区与其他玉米花粉来源地至少相距 500 m，杂交种制种区至少相距 300 m
自然屏障隔离	利用山岭、树林、村庄、建筑物等自然屏障，阻挡外来花粉的侵入
时间隔离	指把隔离区内的玉米进行错期播种，以达到安全隔离的目的。夏播玉米制种错期约在 30 d 以上；春播制种错期约在 40 d 以上
高秆作物隔离	在制种田或亲本繁殖田周围种植高粱、向日葵、麻类等高秆作物，以阻挡外来花粉传入

(2)规格播种　见表 2-11。

表 2-11 规格播种技术要点

工作环节	技术要点
调整父、母本播期	花期相遇或者母本比父本早 3～5 d 的：同期播种
	花期不遇：一般是春播制种田错期播种的天数应是双亲花期相差天数的 1.5～2.0 倍，夏播制种田应是 1～1.5 倍
确定父、母本行比	通常单交种制种时的父、母本的行比为 1∶4 或 2∶8，双交种制种为 1∶(4～6)。如果父本花粉量大时可采用 1∶(6～8)，增产效果明显

续表 2-11

工作环节	技术要点
制种田播前准备及播种要求	播前精细整地，施足底肥，浇好底水；精选种子，浸种、拌种；一般春播要求土壤耕作层温度稳定在 10～12℃时方可播种；北方春播区，一般播种深度在 6 cm 左右为宜；播种量为 45～60 kg/hm²。紧凑型植株或水肥条件较好的地块，留苗密度在 9.0 万株/hm² 以上；否则，留苗密度在 7.5 万株/hm² 以上

(3)科学管理　田间管理应优于一般大田，以提高繁殖产量和保证种子质量。注意玉米出苗后如果缺苗，父本行可补种和移栽而母本行一般不允许补种或移栽。

(4)去杂去劣　见表 2-12。

表 2-12　去杂去劣主要技术要点

去杂去劣次数	时间	性状依据、主要技术要点
第一次	苗期	结合间苗、定苗，根据幼苗的长相、长势、叶色、叶形、叶鞘色等，拔除杂、劣、弱、病苗
第二次	拔节期	根据植株的叶色、叶形、株高、株型及叶片宽窄等，去杂去劣，保留性状整齐一致的典型苗
第三次	抽雄散粉前	根据株高、株型、叶形、叶色、叶片大小、雄穗形状、抽雄时间早晚等去杂去劣

(5)花期调控　花期预测的主要方法见表 2-13。经过预测若发现双亲花期可能不遇时，应及时采取措施进行调控，花期调控工作环节及技术要点见表 2-14。

表 2-13　花期预测的主要方法

花期预测方法	具体做法
叶片检查法	主要根据双亲叶片出现的多少，判断雌雄穗发育情况，来预测花期能否相遇。具体做法是：在制种田中选择有代表性的父、母本样点各 3～5 个，每点各选典型植株 10 株，观察双亲生长的协调性。若父本的未展开叶比母本的多 1～2 片时，视为花期相遇
叶脉预测法	根据实践经验，得知玉米某叶片上的侧脉数($R=R_1+R_2$)与该叶片的叶位(N)有比较稳定的对应关系，从而推断其花期。其关系式如下：$$N=\frac{R_1+R_2}{2}-2$$

续表 2-13

花期预测方法	具体做法
剥叶检查法	在拔节期后，选取有代表性的植株剥出尚未伸出的叶片数，若母本未出叶数比父本少 1～2 叶，推断花期相遇；若双亲未出叶数相同或母本比父本多，推断花期不遇

表 2-14　花期调控的工作环节及技术要点

工作环节	主要技术要点
水肥促控法	在早期发现双亲生长发育不协调时，可通过肥水或中耕调控
苗期促控法	苗期如双亲生长快慢不一致时，应加强田间管理，目的是“促慢控快”
提早去雄、剪苞叶	在抽雄前若发现母本花期晚于父本时，可对母本采取提前去雄或带叶去雄，或对母本剪去 2～3 cm 的苞叶，促使母本早吐丝 2～3 d，使吐丝整齐
剪花丝、剪顶叶	若母本吐丝较早，可将母本尚未授粉的花丝留 1～2 cm 剪断，避免花丝相互遮盖；或将雄穗下二叶去掉，防遮挡花粉；促花期相遇

(6)母本去雄　目前生产上常采用“超前去雄”或“摸苞去雄”的方法，即在母本雄穗尚未露出顶叶时，就将顶叶剥开或连同顶叶一齐拔除，主要技术措施见表 2-15。

表 2-15　超前去雄(摸苞去雄)方法的主要技术要点

去雄次数	时间	要求	主要技术要点
第一次	全区内母本第一个果穗出现且尚未吐丝前	将形成喇叭口的植株的雄穗去掉	雄穗露出顶叶 6.5 cm 且尚未散粉时去雄。方法：左手捏住植株上部，右手紧捏雄穗用力向外拔出。紧凑型玉米自交系可带 1～2 叶去雄。一般全区去雄的时间为 10～15 d
第二次	在未去雄植株中开始有雄穗要抽出顶叶时	开始抽雄穗的雄穗去掉	
第三次	全区内第一株母本吐丝时	将所剩母本的雄穗全部彻底去掉	

(7)人工辅助授粉　在母本吐丝盛期的上午，采集父本花粉，筛去花药，然后将花粉置于底部用纱布包好的竹筒或硬纸筒内。授粉时用小木棍轻敲竹筒或硬纸筒，使花粉均匀地落在花丝上。在晴天的上午 8～11 时进行；也可用空的背负式动力喷雾器，将父本花粉吹落，每天或隔天上午 9～11 时进行。

(8)收获贮藏　杂交第一代种子，到完熟期，苞叶、籽粒表现出本品种的固有色泽时，即可收获。分别收获父、母本，先收父本，再收母本。收获的果穗应及时严格分堆分晒、干燥；对果穗、籽粒进行精选、包装，专仓贮放。种子质量要达到 GB 4404.1 标准。

小知识

玉米自交系：是从一株玉米开始，经过连续多代的自交与选择，最后产生的一个基因型纯合，形状整齐一致的单株后代。在这个单株后代内自交或姊妹交产生的群体，都是同一个自交系。

三、学习拓展

粮食作物种子质量标准·谷类（GB 4404.1—2008）

表 2-16　玉米种子质量应符合此表要求　　%

作物名称	种子类别		纯度	净度	发芽率	水分
玉米	常规种	原种	≥99.9	≥99.0	≥85	≤13.0
		大田用种	≥97.0			
	自交种	原种	≥99.9	≥99.0	≥80	≤13.0
		大田用种	≥99.0			
	单交种	大田用种	≥96.0	≥99.0	≥85	≤13.0
	双交	大田用种	≥95.0			
	三交种	大田用种	≥95.0			

长城以北和高寒地区的种子水分允许高于 13%，但不能高于 16%。若在长城以南（高寒地区除外）销售，水分不能高于 13%。

四、讨论与巩固

1.玉米品种的主要性状有哪些？其识别标准是什么？

2.分析玉米品种混杂退化的主要原因及其防杂保纯措施。

3.玉米穗行选优保纯自交系原种的方法和步骤是什么？

4.玉米杂交制种主要掌握哪些环节？

5.玉米花期预测的主要方法有哪些？其原理各是什么？

任务三　水稻种子生产技术

一、学习准备

(一)知识准备

1. 水稻的花器构造

稻穗为圆锥花序，由穗轴、第一次枝梗、第二次枝梗、小穗梗和小穗组成。稻穗着生在穗颈节上，穗颈节即穗基部的第一节。穗轴上有多个穗节，穗节上着生的枝梗称为第一次枝梗；从第一次枝梗上着生的枝梗称为第二次枝梗；在一次枝梗和二次枝梗上着生小穗梗，小穗梗的末端着生小穗。通常一次枝梗的顶部有 6 个小穗，二次枝梗上有 3～4 个小穗，每个小穗上有 3 朵小花(颖花)。小穗的两个颖片退化呈两个小突起，即第一、二副护颖；基部两朵小花退化，只剩外稃可见，呈披针形小片，即第一、二护颖；顶部小花正常发育，有内外稃(也称内外颖)各 1 枚、浆片 2 个、雄蕊 6 枚和雌蕊 1 枚，习惯上把稻的一个小穗称为一朵颖花(图 2-12 和图 2-13)。

图 2-12　稻穗的形态

1.穗节　2.穗轴　3.一次枝梗
4.二次枝梗　5.小穗　6.穗颈
(引自湘鄂赣桂琼，农业中专教材编审委员会《作物栽培》，1998)

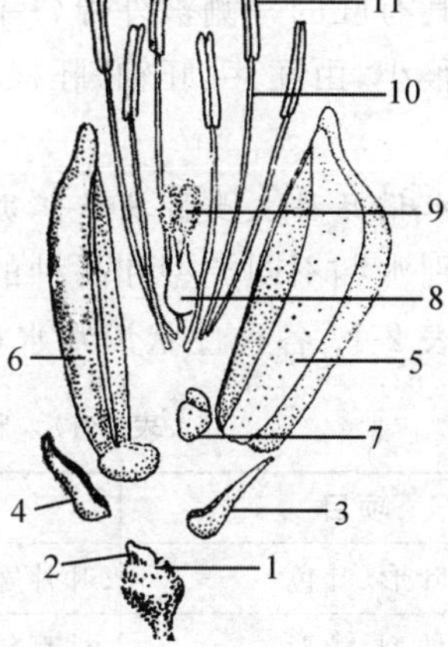

图 2-13　水稻花的构造

1、2.副护颖　3、4.护颖　5.外颖　6.内颖
7.浆片　8.子房　9.柱头　10.花丝　11.花药
(引自西北农学院《作物育种学》，1979)

2. 水稻抽穗开花结实习性

稻穗上部颖花的花粉成熟后 1～2 d，穗下节间伸长，穗尖露出叶鞘 1 cm，即为抽穗。一穗从始出到全部抽出约需 3～4 d，温度高抽穗快，温度低抽穗慢。

水稻开花顺序：通常主轴先开花，其次是上部的枝梗开花，然后由上往下，各枝梗依次开花；在同一枝梗上，顶端第一小穗先开，接着是枝梗最基部的小穗开放，再依次向上开花，顶端第二小穗最后开花。

水稻花期：一般情况下，穗顶端的颖花露出剑叶鞘当天或露出后 1～2 d 即开始开花，全穗开花过程需 5～7 d，而第 3 天前后开花最盛。

水稻花时：一般在上午 7 时开始开花，9～12 时最盛，16 时以后开花较少。在正常情况下，早稻和中稻花时比较早，晚稻花时比较迟。

水稻是自花授粉作物。颖花开放时，花丝伸长，花药开裂，花粉散落在自身的柱头上即可完成授粉，授粉后 5～7 h 即完成受精过程。

3. 水稻种子形态结构

水稻种子即籽粒或稻谷，由稃壳及米粒（糙米）两部分组成。稃壳由护颖及内、外稃组成，稃壳的顶端称稃尖，在许多品种中，外稃的尖端延伸而为芒。各品种的护颖、内外稃和芒所具有的颜色、特征及稃尖的颜色等性状可以作为鉴定品种的依据。

糙米是一颗真正的果实，由果皮、种皮、胚及胚乳四部分组成，约占重量的 80%。其有胚的一侧被外稃（1 枚）所包裹，这一侧称为腹面，另一侧称为背面。水稻的胚很小，由胚芽、胚轴、胚根、盾片四部分组成。胚萌发所需要的能量主要由胚乳提供。

4. 水稻品种主要性状及识别

识别水稻不同类型和品种的主要性状是水稻种子生产工作的基础，生产上主要根据表 2-17 各种性状识别水稻品种和类型。

表 2-17　籼稻与粳稻的主要特征特性比较

项目		籼稻	粳稻
形态特征	叶形、叶色	叶片宽、叶色淡绿	叶片窄、叶色深绿
	株型、粒形	株型较散、粒细长略扁	株型较紧、粒短圆
	芒的有无	多数无芒或短芒	有长芒、少数无芒
	叶毛状况	较多	较少
	颖毛状况	颖毛短而稀、散生颖面	颖毛长而密、集生颖棱上

表 2-18　水稻品种性状识别及性状描述

性状识别		性状鉴定
生育时期	出苗期	50%水稻秧苗露出土面,约 2 cm,视为水稻出苗期
	抽穗期	大田有 5%的植株抽穗为见穗期、10%始穗期、50%为抽穗期、80%为齐穗期
	成熟期	每穗有 95%谷粒变黄,稻穗基部青谷粒也已经坚硬为成熟期
	生育期	水稻从出苗到成熟所经历的天数。生育期在 120～130 d 以内的称为早熟种;130～160 d 的为中熟种;160 d 以上的称为晚熟种
植株性状	叶龄	定单苗 20～50 株,从出苗起逐片点漆标记,调查主茎上的完全叶片数
	株高	从苗基部量至每丛最高叶尖的平均高度,抽穗后测量土面至最高穗顶(不连芒)的平均高度,单位" cm",保留一位小数,20 丛平均
	分蘖数	测定 30～100 株,求单株平均分蘖数
	叶片长宽度	以剑叶长、宽表示,量取叶幅最宽处,求 20 株的平均值,以"cm"表示
	穗长	量穗颈节到穗顶(芒除外)的长度。求 10 株的平均值,以"cm"表示。穗长 26 cm 以上着为长穗,20～26 cm 者为中穗,20 cm 以下者为短穗
	谷粒性状	以谷粒的长、宽比作为衡量标准。 籼稻:分细长粒(长为宽的 3 倍以上),中长粒(长为宽的 2～3 倍),短粒(长为宽的 2 倍以上)。 粳稻:分大粒(长为宽的 1.8 倍以上),中粒(长为宽的 1.6～1.8 倍),短圆粒(长为宽的 1.6 倍以下)
	谷粒颜色	稃色:分淡黄、黄、金黄、赤褐、黑褐等色。 稃尖色:分黄、赤、赤褐、淡褐、淡紫、深紫色等色
	千粒重	以晒干扬净的籽粒为标准,混匀样品后随机取 1 000 粒称重,以两次相差不大于其平均值的 5%时为准,求算平均千粒重,以克表示。 30 g 以上的为最大粒,27～29 g 的为大粒,24～26 g 的为中粒,21～23 g 的为小粒,20 g 以下的为最小粒

5. 水稻"三系"及其配套

(1)水稻"三系"

①不育系　雌蕊正常而雄蕊花粉败育,不能自交结实,育性受遗传基因控制。如具有野生稻雄性不育细胞质的不育系,称为野败型不育系,通常用 A 表示。在制种时用不育系作母本不用去雄,即可生产杂交种子。

②保持系　雌雄蕊发育正常，能自交结实，给不育系授粉后能够结实，但其后代仍然具有雄性不育特性。通常用 B 表示。

③恢复系　雌雄蕊发育正常，授粉不育系所产生的杂种一代育性恢复正常，能自交结实，具有较强的优势。通常用 R 表示。

(2)水稻"三系"配套　水稻"三系"的关系是相辅相成的，"三系"配套，杂种优势利用才能实现。通过"三系"配套，实现良种繁育制种的循环进行，"三系"配套生产关系见图 2-14。

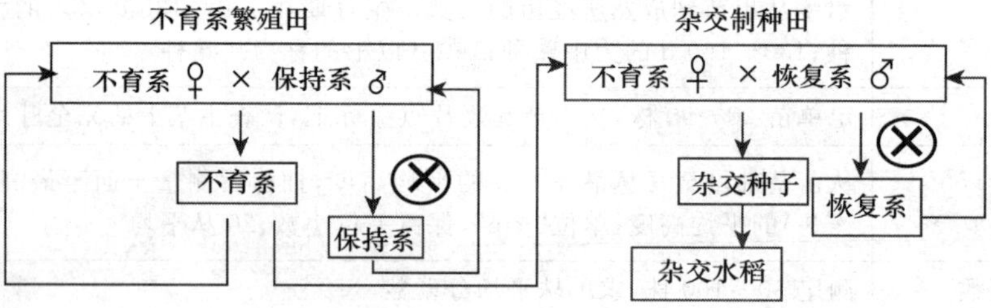

图 2-14　水稻"三系"配套生产关系示意图

6. 光温敏雄性不育系及"两系"杂交稻

光温敏雄性不育系：杂交水稻繁育制种中用到一类亲本，称为光温敏雄性不育系。其特点是花粉育性随着发育期间所经历的光照长短和温度高低而变化，在夏季高温长日条件下表现雄性不育，是不育系；在秋季低温短日条件下表现雄性可育，是保持系，自交后代仍然是光温敏雄性不育系。由于光温敏雄性不育系可一系两用，与恢复系配套即可生产水稻杂交种，这种杂交水稻称为"两系"杂交稻。

(二)仪器设备材料准备

(1)播种及管理用具　铁铲、锄头、镰刀、拉线绳、肥料桶、喷雾器、竹竿、油漆等。

(2)物资准备　水稻亲本种子、有机肥、化肥、农药、"九二〇"等。

(3)测量用具　卷尺、直尺、称、标签、铅笔等。

二、项目设计与实施

(一)项目任务设计

1. 水稻“一选三圃制”生产不育系原种项目任务设计

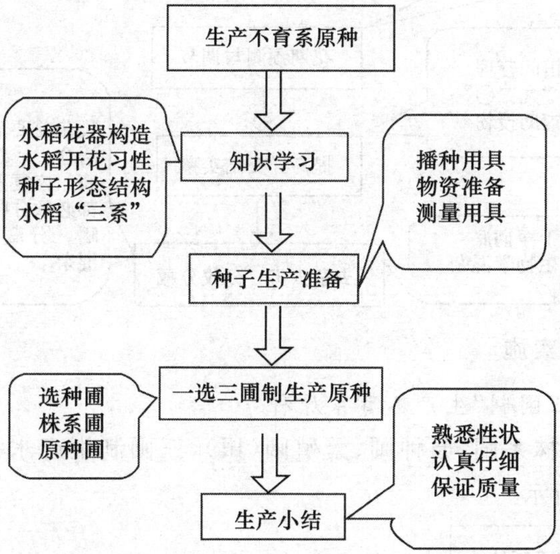

2. “三系”杂交水稻制种项目任务设计

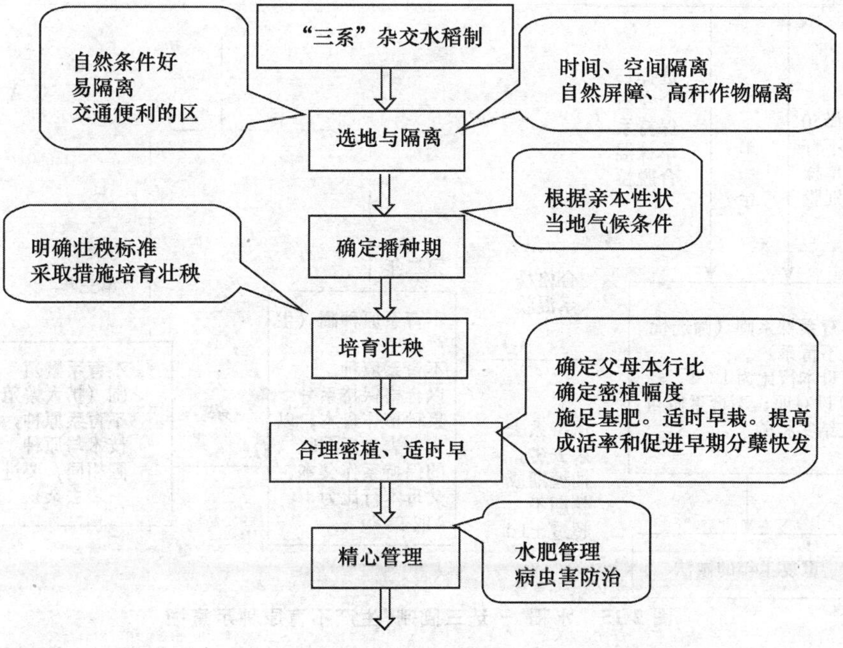

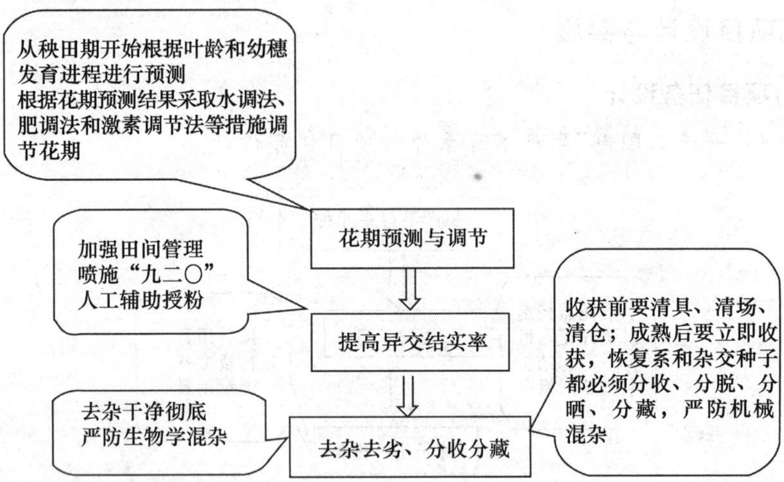

(二)项目任务实施

1. 水稻“一选三圃制”生产不育系原种

三圃指不育系株系圃、原种圃、繁殖圃(田)，三圃制生产水稻不育系原种的基本程序如图 2-15 所示。

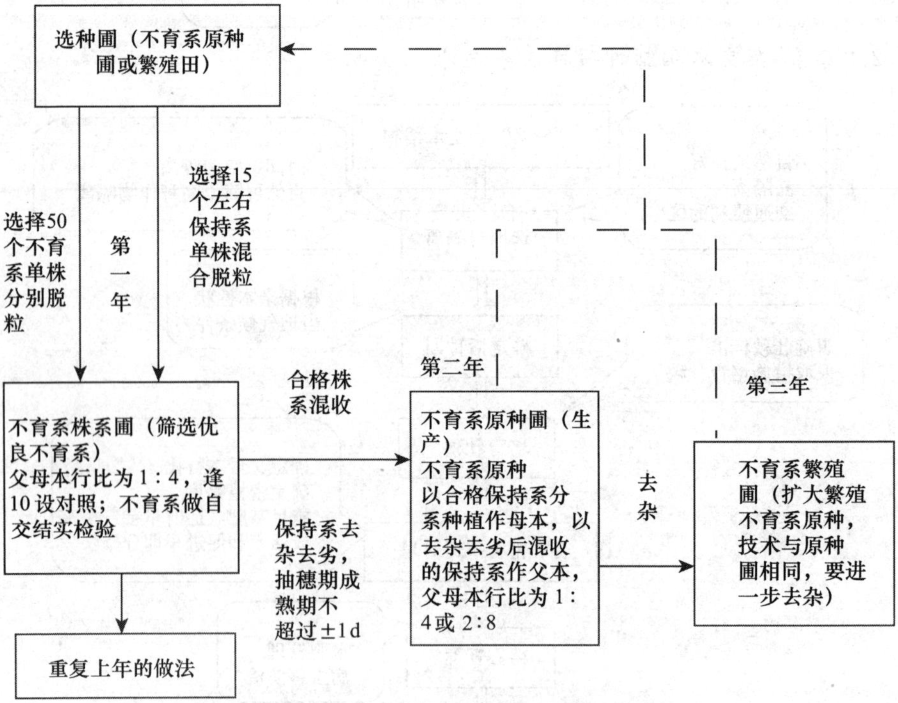

图 2-15 水稻“一选三圃制”生产不育原种示意图

2."三系"杂交水稻制种技术

"三系"杂交水稻制种是指以雄性不育系作母本,雄性不育恢复系作父本,按一定的行比相间种植,使不育系接受恢复系的花粉而受精结实产生杂种第一代(杂交种子),以供大田生产用种的种子生产过程。杂交水稻制种的任务有两方面,一是提高制种产量;二是保证种子的质量。

(1)选地与隔离

①选地要求 杂交稻制种基地,要求选择地势平坦、土壤肥沃、地力均匀,排灌方便,病虫鼠雀等危害较轻,没有检疫性病虫害,便于隔离,交通便利,生产水平较高,劳力和技术条件较好,较集中的连片地块。

②确定制种面积 杂交制种田的面积要根据来年大田播种面积、大田播种量及制种田杂交种单产来确定。计算公式如下:

$$杂交制种田面积(hm^2)=\frac{大田播种面积(hm^2)\times 每公顷大田播种量(kg)}{每公顷制种田产量(kg)}$$

③安全隔离 水稻杂交制种田的隔离方式通常有空间隔离、时间隔离、父本隔离和自然屏障隔离四种方法,其中空间隔离和时间隔离应用较为普遍。

空间隔离:指在一定空间范围内,不种植非父本品种,杜绝非父本花粉传播到制种田,以保证授粉纯度的一项技术要求。制种田的空间距离一般要求 100 m 以上,在平原地区或下风方,空间距离还应加大。

时间隔离:使制种田周围非父本品种的花期与不育系的花期完全错开。一般要求周围 100 m 范围内的非父本品种与不育系花期错开 20~25 d 以上。

(2)确定播种期

确定父母本播种期:确定制种田父母本播种期应掌握"宁可母等父,不可父等母"的原则。确定杂交水稻父母本播种期的方法主要有叶龄法和生育期法。

①叶龄法 利用父母本主茎叶龄作为调节播种差期依据的方法,叫作叶龄法。母本播种时的父本叶龄数,称叶龄差。叶龄差的计算公式如下:

$$叶龄差 = 父本总叶片数 - 母本总叶片数 \times \frac{母本出叶速度}{父本出叶速度}$$

比如已知父本总叶片数是 18 叶,平均出叶速度是每 8 d 出一片叶;母本总叶片数是 14 叶,平均出叶速度是每 6 d 出一片叶,代入公式求算得叶龄差为 6.9 叶。也就是母本播种时,父本长到 6.9 叶。

②生育期法 利用父母本从播种到始穗相差的天数为依据来确定播种差期的方法。同一父母本,在一定的地区一定的季节播种,其播种到始穗的天数是相对稳

定的。因此可以利用这段生育期相差的天数来确定父母本的播种差期，父母本播种时差计算公式如下：

播种时差(d)＝父本播种到始穗天数－母本播种到始穗天数＋1

例如，某父本夏天播种到始穗天数是 120 d，母本夏天播种到始穗的天数是 60 d。则代入公式计算得播种时差为 61 d。

(3)培育壮秧

①壮秧的标准　第一，扁蒲粗壮，分蘖多。母本秧龄 4～5 片叶，带 2～3 个分蘖；父本秧龄 6～7 叶，带 3～5 个分蘖。第二，根系发达白根多，有 20 条左右，新根、白根越多，移栽后返青快，分蘖快。第三，秧苗均匀整齐，叶色浓绿，叶片肥厚挺立，没有病虫危害。

②培育壮秧的措施　一是要整好秧田至深、松、碎、平、净的要求；二是要催出壮芽，做好种子播前浸种、消毒等工作，然后严格按照“高温破胸、较高温低湿催根、适温适湿催芽、室温炼芽”的技术要求，催出壮芽，壮芽标准是：芽长半粒谷长，根长一粒谷长；三是均匀播种薄盖土，提高播种质量；四是做好秧田温湿度管理、水肥管理和病虫害防治等工作。

(4)合理密植，适时早栽

①确定适宜行比　杂交水稻制种田父母本行比大多采用 2∶12 至 2∶(14～16)。各地可根据父母本株高、生育期长短、分蘖力强弱及栽培管理水平确定更合适的行比。

②合理密植　插好基本苗，扩大行比是增加母本有效穗数的重要方法之一。制种田种植规格一般为：母本株行距(10～11)cm×(13～16)cm，每穴种 2～3 苗，0.5 万蔸，保证抽穗时每公顷父本有效穗 120 万穗，母本有效穗 360 万穗。

③施足基肥，适时早栽　全田全层施用作底肥。当秧苗叶龄适宜，气温稳定通过 15℃时即可插秧，保证栽插质量，提高成活率。

(5)精细管理

①前期攻苗争多蘖　父母本移栽后，应按“深水活棵，浅水分蘖”要求进行前期水分管理，返青期保持田间有一定的深水层(3～4 cm)，营造比较稳定的温湿度环境，有利于新根萌发，加速返青。返青后，采取浅灌或者露田，增加土温和土壤氧气，促进分蘖发生。

②中期促穗壮长　中期控制水肥，争取根、蘖、叶、穗稳健生长。特别注意控制氮肥的使用，同时排水晒田，以水调肥，抑制无效分蘖。

③后期攻粒夺高产　主攻目标是提高每穗粒数和粒重。水分管理按照“足水

抽穗、落干黄熟”的要求进行，结合水分管理，补施壮尾肥。

(6)花期预测与调节

①花期预测　杂交水稻父母本花期相遇良好的标准是：母本比父本早 1～2 d 始穗，做到“头花不空，盛花相逢，尾花不丢，花期全遇”。常用的花期预测方法主要有幼穗剥查法和叶龄余数法。

幼穗剥查法　从始穗前 30 d 开始，每隔 3 d 对制种田父母本取样，每次剥查有代表性的父母本植株各 3～5 株主茎穗，通过观察父母本幼穗发育进度来推算花期是否相遇。水稻幼穗分化进程可分为 8 个时期，幼穗各个时期相应的形态特征总结为：一期看不见，二期苞毛现，三期毛丛丛，四期粒粒现，五期颖壳分，六期叶枕平，七期穗绿色，八期穗将伸。幼穗剥查法判定花期相遇的标准是：在幼穗前 3 期，父本应比母本早 1 期；4～6 期父母本发育进程一致；7～8 期，母本略早于父本或同步发育。

叶龄余数法　叶龄余数指主茎总叶片数与已出叶片数之差。一般倒数第三叶抽出时，幼穗开始分化；倒数第三叶始出至展开，为第一、第二期；倒数第二叶始出至展开，为第三期；剑叶抽出至接近全展，为第四、第五、第六期；剑叶全展至抽穗为第七、第八期。在制种田，实行定点观察，标记叶片动态，根据最后三片叶的生长进程，即可掌握父母本的生长发育进度，预测花期是否良好相遇。

②花期调节　当预测父母本始穗期相差超过 3～4 d，就要采取措施进行花期调节。经常采用的调节方法有水调法、肥调法和激素调节法。

(7)提高异交结实率　杂交水稻制种异交结实率的高低对产量起着决定性作用，提高异交结实率的途径有多种，其中最简单有效措施主要有：

①采用东西行向　改善父母本通风透光条件，生长健壮，也利于传粉。

②培养强壮父本　通过施足农家肥、早施重施分蘖肥、及时补施微肥和结合母本田间管理加强病虫草害防治等办法，培育健壮、穗大粒多、花粉量充足的父本，为母本提供足够多的花粉，从而提高异交结实率。

③培育理想剑叶　理想剑叶的定向培育应早施和巧施氮肥，移栽前结合大田整地，以有机肥为主，肥料一次入库。在剑叶生长敏感期(幼穗分化 1～3 期)少施氮肥，增施磷钾肥，控制剑叶在 20～25 cm。

④调节花时，促花时相遇　父母本开花早晚不一样，父本花时早而集中，母本花时迟而分散。为了让花时相遇良好，可采取如下措施：

赶露水　赶母不赶父。在晴天早上，及时赶去母本植株叶片上的露水，可以降低穗层湿度，提高温度，促使母本早开花。

喷冷水　喷父不喷母。在每天清晨，给父本穗部喷清水，以增加父本穗层湿度，降低温度，延迟父本开花时间。

⑤巧用激素　在南方籼稻区，喷施“九二〇”可以消除母本包颈，提高柱头外露率，显著提高母本结实率，增加制种产量。激素“九二〇”施用把握“适时、适量、适次”的原则。

⑥人工辅助授粉　就是人为振动父本植株，促使花药开裂，并向母本行飞散花粉，这是提高结实率的一项有效方法。基本做法是：在开花期坚持每天在父本散粉高峰期赶粉，用竹竿拨动稻株，轻压、重摇、慢回手。开花时坚持每隔 30 min 赶粉 1 次，每天 3～4 次。坚持有花就赶，直到终花为止。

(8)去杂去劣，分收分藏　去杂去劣工作从秧田起就要反复进行，严格除去杂株和变异株。幼苗期根据长势长相等特征进行综合鉴定，去掉杂株、劣株和可疑株；抽穗初期是去杂去劣、保证种子纯度的关键时期，要及时、彻底、干净地将杂株除去。要特别注意难区分的不育系(母本)与保持系。不育系中的保持系一般比不育系早抽穗 2～3 d，不包颈，穗颈节细长，花药饱满，黄色。收割前还要清查 1～2 次，把漏除的杂株全部拔去。收获前要清具、清场、清仓。专人负责，保证种子纯度。成熟后要立即收获，不论是父本还是杂交制种种子，必须分收、分脱、分晒、分藏，严防机械混杂。

3.“两系”杂交水稻制种技术

由于光温敏雄性不育系可一系两用，在制种时，要根据光温敏雄性不育系的特点，抓好以下几个关键技术环节见表 2-18。

表 2-18　“两系”杂交水稻制种技术

序号	关键技术环节	技术措施
1	确定不育系育性敏感安全期和抽穗开花安全期	目前生产上所利用的光温敏雄性不育系的育性转换温度大多为 22～24℃，制种时要求日平均温度高于 24℃，日最低气温不低于 20℃，光照时数必须长于 14 h，才能保证雄性不育系的育性安全转换为不育。确定安全抽穗开花期后，接着确定母本播种期，再推断父母本播种差期
2	培育壮秧，合理密植	两系杂交稻母本的分蘖能力通常较弱，一般调整秧田与本田的比例为 1∶5，秧田要施足基肥，加强水肥管理，培育早蘖壮秧，要达到“早、匀、壮”的标准。插秧时采用基本苗足的布局，父母本行比为 2∶(14～16)，每 666.7 m^2 插母本基本苗 15 万以上，有效穗数达到 20 万，插父本基本苗 4 万以上
3	适时适量喷施“九二〇”	不育系见穗期，选择晴天上午喷施“九二〇”。用量视不育系对“九二〇”敏感程度而定。如培矮 64S 属钝感型，每 666.7 m^2 需要喷施“九二〇”20～30 g，每天上午喷施一次，连续 2～3 次喷完

续表 2-18

序号	关键技术环节	技术措施
4	去杂去劣，确保种子质量	注意观察母本幼穗分化期是否由于遇到低温造成育性波动，如有，应采用化学杀雄法控制自交结实；注意剔除不育植株的地上茎节长出的分蘖苗正常结实而造成自身混杂

三、讨论与巩固

1. 说明水稻"三系"配套关系。
2. 说明水稻品种混杂退化的原因及其防杂保纯措施。
3. 解释水稻"一选三圃制"原种生产程序及技术要点。
4. 如何利用叶龄法确定水稻制种播种差期？如何提高水稻制种异交结实率？
5. 如何利用幼穗剥查法预测水稻花期？水稻制种如何进行花期调节？

任务四　棉花种子生产技术

一、学习准备

1. 棉花的花器构造与开花习性

(1)棉花的花器构造　棉花是异花授粉作物，棉花的花为单生，雌雄同花。有花柄，花的外层有苞叶 3 片，中央有 5 个萼片连合成环状，围绕着花冠基部；花瓣 5 片，呈倒三角形旋转状排列。雄蕊由花药和花丝组成，花丝基部联合成管状，称为雄蕊管，套在雌蕊花柱较下部的外面。雄蕊管上着生花丝，花丝顶端生有花药，花药四室。花药成熟后，将邻近开裂时，中间的分隔往往酶解破坏，大致形成了一室。每 1 花药内，含有几十至一百多个花粉粒。花粉粒呈圆粒球状，表面有许多刺突，使花粉易于被昆虫携带和附着在柱头上。雌蕊由柱头、花柱和子房等部分组成。柱头多是露出雄蕊管之外，柱头的表面中央覆盖一层厚的、长形而略尖的单细胞毛。柱头上不分泌黏液，是一种干柱头。花柱下部为子房，子房发育成棉铃，子房 3～5 室，每室中有 7～11 个胚珠，受精后，胚珠发育成种子(图 2-16)。

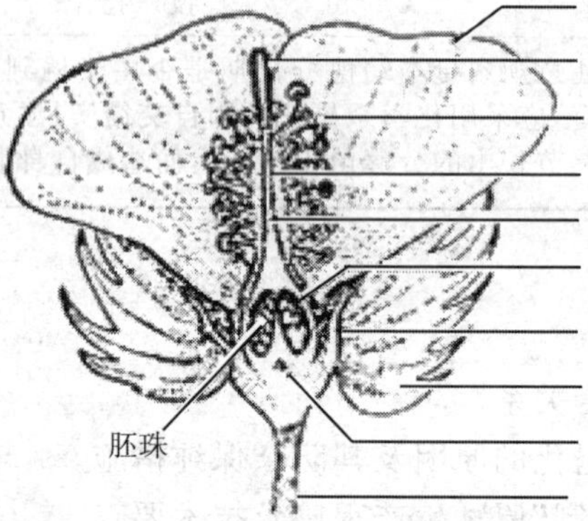

图 2-16 棉花的花器构造

(2)开花习性　棉花开花是由下而上,由内而外,沿着果枝呈螺旋形进行。一般情况下,相邻的果枝,同位置的果节,开花时间约相隔 2～4 d;同一果枝相邻的果节。开花时间相隔 5～8 d。这种纵向和横向各自开花间隔日数的多少,与温度、养分和植株的长势有关。温度高、养分足、长势强,间隔的日数就少些;反之,间隔的日数就多些。

就一朵花来说,从花冠开始露出苞叶至开放经 12～14 h,一般情况下,花冠张开时,雌雄两性配子已发育成熟,花药即同时开裂散粉。

(3)受精过程　成熟的花粉在柱头上,约 1 h 即开始萌发,生出花粉管,沿着花柱向下生长,这时营养核和生殖核移向花粉管的前端,同时生殖核又分裂成为 2 个雄核。其中一个雄核与卵核融合,成为合子;另一个雄核与 2 个极核融合,产生胚乳原细胞。这个过程就是双受精。棉花从授粉的受精结束,一般需要 30 h 左右,而花粉管到达花柱基部只需要 8 h 左右,进入胚珠需 24 h 左右。

2. 品种退化及其防止措施

(1)品种退化原因　品种退化现象是指品种的生产能力和纤维品质等方面发生衰退的表现。首先突出的表现是群体中异型株的增多,这是天然异交的结果。随着纯度的下降,产量和经济性状亦相应下降。

(2)防止混杂退化的措施　一是因地制宜搞好品种布局,实现品种区域化;二是在棉花生产的各环节制定防杂保纯措施,防止机械混杂的产生;三是建立健全种子生产体系,做好良种提纯和原种生产工作,及时品种更新。

3. 棉花原种生产技术

棉花原种生产采取三圃法或自交混繁法。

(1)三年三圃制　采取单株选择、株行鉴定、株系比较、混系繁殖的方法,即株行圃、株系圃、原种圃的三圃制。

(2)自交混繁法　自交混繁法是通过建立自交系保持品种纯度、混系繁殖扩大种子量的原种生产方法。设置保种圃、基础种子田、原种生产田,在营养钵育苗移栽的条件下,三者比例为 1∶20∶500。保种圃为自交系种植圃,基础种子田即混系繁殖田。

(二)仪器和设备准备

1. 原种生产基地、农机具、小型轧花机、其他棉花室内检验仪器和用具。
2. 试验地棉花品种资料。
3. 钢卷尺、有色标签、铅笔、记载本。

二、项目设计与实施

(一)项目任务设计

1. 棉花三圃制原种生产方案设计

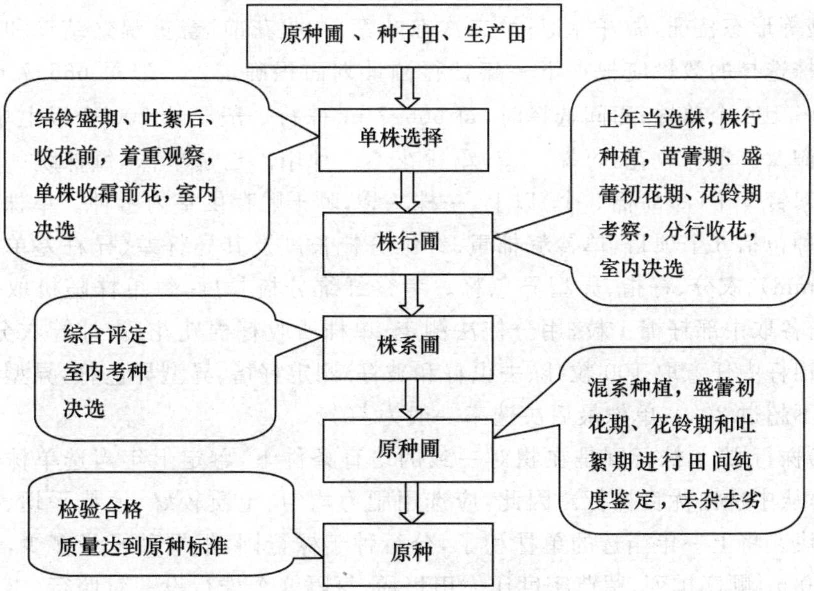

2. 自交混繁法原种生产方案设计

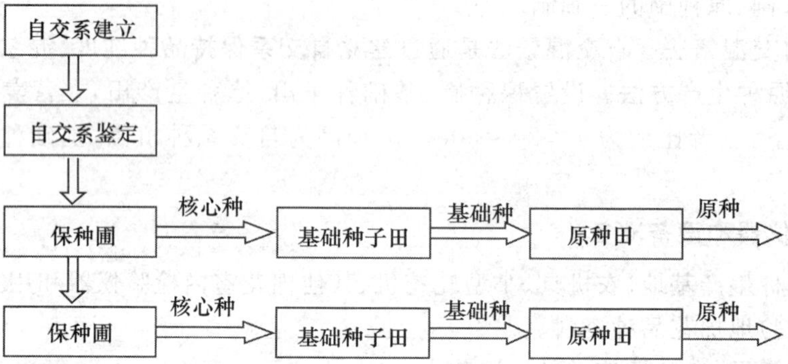

(三)项目任务实施

1. 棉花三圃制原种生产

(1)单株选择　单株选择在原种圃、决选的株系圃中进行,也可专门设置选择圃。重点选择株型、叶型、铃型、生育期、抗逆性等主要特征、特性,以及丰产性、抗病性、抗虫性、纤维感官品质等。第一次选择的时间在结铃盛期,着重观察叶型、株型、铃型等形态特征,做好标记;第二次在吐絮后、收花前,着重观察结铃和吐絮情况。单株选择的数量应根据下一年株行圃计划面积确定。一般每 666.7 m^2 株行圃需 80～100 个单株;田间选择时,每 666.7 m^2 株行一般要选 200 个以上单株,以备考种淘汰。单株收花,每株一袋,霜后花不作种用。当选单株,每株统一收中部正常吐絮铃 5 个(海岛棉 8 个)以上,一株一袋,晒干贮存供室内考种。单株材料的室内考种包括 6 个项目:单铃籽棉重、纤维分梳长度及其异籽差(异籽差单面不应超过 4 mm)、衣分、籽指、异型异色籽。考察纤维分梳长度,每单株随机取 5 瓣籽棉,每瓣各取中部籽棉 1 粒,用分梳法测定;单株所收籽棉轧花后,计算衣分率;在轧出的棉籽中任意取 100 粒(除去虫籽和破籽)测定籽指、异型异色籽,异型异色籽率要求不超过 2%。单株最后决选率一般为 50%。

(2)株行圃　株行圃是在相对一致的培育条件下,鉴定上年当选单株遗传性的优劣,从中选出优良株行。因此,应选用肥力均匀、土质较好、地势平坦、排灌良好的地块。将上一年当选的单株种子,分行种于株行圃,根据种子量多少,行长一般 5～10 m,顺序排列,留苗密度比大田稍稀,每隔 9 个株行设一对照行(本品种的原种)。每区段的行长、行数要一致,区段间要留出观察道 1.0～1.2 m,四周种本品种的原种 4～6 行作保护行。播种前绘好田间种植图,按图播种,避免差错。田间观察鉴定应置备田间观察记载本,分成正本、副本,副本带往田间,正本留存室内，每次观察记载后及时抄入正本。历年记载本要妥善保存，建立系统档案，以便查考。有条件的可建立相应计算机数据库。

观察记载的时间和内容：

①目测记载出苗、开花、吐絮的日期。

②苗蕾期　观察整齐度、生长势、抗病性、抗虫性等。经移苗补苗后，缺苗20%以上者初步淘汰。

③花铃期　着重观察各株行的典型性、一致性和抗病性、抗虫性。

④吐絮期　根据生长势、结铃性、吐絮的集中程度，着重鉴定其丰产性、早熟性等。

⑤田间纯度　田间纯度的鉴定分两次进行。第一次在盛蕾初花期，着重考察株型和叶型；第二次在花铃期，着重考察株型、铃型、叶型、茎色、茸毛、腺体、花药颜色等，特别是铃型。为使品种典型性得以充分表达，株行圃化调以轻控为宜。

⑥田间选择　根据田间观察和纯度鉴定，进行选择淘汰。当一个株行内有一棵杂株时即全行淘汰。形态符合原品种典型性，但出苗、结铃性、早熟性、抗逆性等方面显著不同于邻近对照的株行也应淘汰。田间当选的株行分行收花计产，进行室内考种后决选。

⑦室内考种决选　田间当选株行及对照行，收花前，每株行采摘中部果枝第1～2节位吐絮完好的内围铃20个作为考察样品。考种项目有单铃籽棉重、纤维分梳长度(20粒)、纤维整齐度、衣分、籽指、异型异色籽率。株行考种决选标准应达到下列要求：单铃籽棉重、纤维分梳长度、衣分和籽指与原品种标准相同，纤维整齐度90%以上，异型异色籽不超过3%，株行圃最后决选，当选率一般为60%。

⑧收花加工　先收淘汰行，后收当选行；霜后花不作种用，但需先分收计产；落地籽棉作杂花处理，不计产量。一般先轧留种花，后轧淘汰花和霜后花。

(3)株系圃　将上一年当选的株行种子，分别种植成株系圃和株系鉴定圃。株系圃每株系播种的面积根据种子量而定，密度稍低于大田；株系鉴定圃2～4行区，行长10 m，间比法排列(每隔4株系设一对照区)，以本品种原种为对照。田间观察、取样、测产及考种均在株系鉴定圃内进行，并结合观察株系圃。田间观察鉴定同株行圃。田间选择决选时要根据记载、测产和考种资料进行综合评定，一系中当杂株率达0.5%，则全系淘汰。如杂株率在0.5%以内，其他性状符合要求，拔除杂株后可以入选。株系圃室内考种和决选每个株系和对照各采收中部果枝上第1～2节位吐絮完好的内围铃50个作为考种样品。考种项目：单铃籽棉重、纤维分梳长度(50粒)、纤维整齐度、衣分、籽指、异型异色籽率。株系圃考种决选标准要求单铃籽棉重、纤维分梳长度、衣分和籽指与原品种标准相同，纤维整齐度90%以上,异型异色籽不超过3%,株系圃最后决选率一般为80% 。

株系圃收花加工时先收淘汰系,后收当选系;霜后花不作种用,但需先分收计产;落地籽棉作杂花处理,不计产量。一般先轧当选系留种花,后轧淘汰花和霜后花。

(4)原种圃　当选株系的种子,混系种植成原种圃。种植密度可比一般大田略稀,可采取育苗移栽或定穴点播,以扩大繁殖系数,在盛蕾初花期、花铃期和吐絮期进行三次观察鉴定。要调查田间纯度,严格拔除杂株,以霜前籽棉留种,此即为原种。原种圃室内考种根据植株生长情况,划片随机取样,每一样品采收中部100个正常吐絮铃,共取4～5个样品,逐样进行考察,逐项考察单铃籽棉重、纤维分梳长度(50粒)、纤维整齐度、衣分、籽指、异型异色籽率。每一考察项目求平均值。原种圃霜前花作种用。霜后花、落地籽棉作杂花处理,不计产量。

也可根据当地的实际情况,采用二圃制生产原种,即略去三圃制中的株系圃一环节,将最后决选的株行种子混合播于原种圃。

2.自交混繁法原种生产

(1)保种圃

①自交系的建立　从育种家种子田中选择单株自交。选择株型、铃型、叶型等主要性状符合原品种特征特性的单株,并综合考察丰产性、纤维品质和抗病性、抗虫性等。选择单株时间第一次在盛蕾初花期,着重观察形态特征,中选株做好标记;第二次在结铃期,着重观察结铃情况,决选单株挂牌编号。田间选择400个单株,于第五果枝开花时进行自交,一般选第1～3果节花自交,全株自交15～20朵,并做好标记。按编号分株采收自交铃,每株收5个以上正常吐絮的自交铃,随袋记录株号及铃数,经室内考种,决选200个单株备用。

②自交系鉴定　将上年决选的单株自交种子按编号顺序分行种植成自交系,每系不少于25株,周围种植同品种原种作保护区。田间观察鉴定同三圃制株行圃。在初花期选择符合品种特征特性、形态整齐、生长正常的自交系做好标记,于第5果枝开花时自交,每系的自交花量不低于300朵,分布于全系2/3左右的植株。田间决选的自交系按系采收吐絮正常的自交铃,经室内考种后,决选自交系不少于100个(另选5～8个作预备系)。

③保种圃的建立　将上年中选的自交系按编号分别种植,每系株数根据原种生产计划面积按比例安排。行距安排便于田间操作,区段前面设观察道,4周用本品种原种作保护区。保种圃各系通过自交独立繁衍,每系自交花数要保证下年种植株数,自交以中部内围花为主,如发现某系与原品种特征特性不符则淘汰或用预备系更换。按系收摘正常吐絮自交铃,并随袋标明系号,作为下一年保种圃用种。

各系自然授粉的正常吐絮铃分别收摘，经考种后混合留种，此种称核心种，供下年基础种子田用种。

(2)基础种子田　基础种子田要集中种植、隔离繁殖，四周为原种生产田，由此产生的种子称作基础种子。在蕾期、花期要进行普查，并观察其生长状况，如发现杂株、劣株，要及时拔除。基础种子田单收、单轧，下年作原种生产田用种。

(3)原种生产田　集中种植，注意去杂去劣。收获霜前花留种即为原种。加工与储存过程中注意防止机械和人为混杂。考种项目同三圃制。

三、学习拓展

(一)杂交棉花制种技术

(1)利用雄性不育系制种技术　与正常可育株相比，雄性不育株的花蕾小，花冠小，花冠顶部尖而空，开花不正常，花丝短而小，柱头露出较长，花药空瘪，或饱满而不开裂，或很少开裂，花粉畸形无生活力。

(2)"一系两用"制种技术　1972 年，四川省仪陇县原种场从种植的洞庭 1 号棉花品种群体中发现了一株自然突变的雄性不育株，经鉴定，表现整株不育且不育性稳定。确定是受一对隐性核不育基因控制，被命名为"洞 A"。这种不育基因的育性恢复基因广泛，与其血缘相近的品种都能恢复其育性，而且 F_1 表现为完全可育。

①两用系的繁殖　两用系的繁殖就是根据核不育基因的遗传特点，用杂合显性可育株与纯合隐性不育株杂交，后代可分离出各为 50%的杂合显性可育株和纯合隐性不育株。这种兄妹交产生的后代中的可育株可充当保持系，而不育株仍充当不育系，故称之为"两用系"或"一系两用"。繁殖时，"两用系"混合播种，标记不育株，利用兄妹交(要辅助人工授粉)，将不育株上产生的籽棉混合收摘、轧花、留种，这样的种子仍为基因型杂合的。纯合隐性不育株，可用于配制杂交种。

②杂交种的配制

a. 隔离区的选择。为了避免其他品种花粉的传入，保证杂交种的纯度，制种田周围必须设置隔离区或隔离带。棉花的异交率与传粉昆虫(如蜜蜂类、蝴蝶类和蓟马等)的群体密度成正比，与不同品种相隔距离的平方成反比。因此，要根据地形、蜜源作物以及传粉昆虫的多少等因素来确定隔离区的距离。一般来说，隔离距离应大于 100 m。如果隔离区内有蜜源作物，要适当加大隔离距离。若能利用山丘、河流、树林、村镇或高大建筑物等自然屏障作隔离，效果更好。

b. 父母本种植方式。由于在开花前要拔除母本行中 50%左右的可育株，因此就中等肥力水平而言，母本的留苗密度应控制在每公顷 75 000 株左右。父本的留苗密度为每公顷 37 500～45 000 株。父母本可以 1∶5 或 1∶8 的行比进行顺序间种。开花前全部拔除母本行中的雄性可育株。为了人工辅助授粉工作操作方便，可采取宽窄行种植方式。宽行行距 90 cm 或 100 cm，窄行行距 70 cm 或 65 cm。父母本的种植行向最好是南北行向，制种产量高。

c. 拔除雄性可育株。可育株和不育株可通过花器加以识别。不育株的花一般表现为花药干瘪不开裂，内无花粉或花粉很少，花丝短，柱头明显高出花粉管和花药。而可育株则表现为花器正常。拔除的是花器正常株。

从始花期开始，逐日逐株对母本行进行观察和标记，拔除可育株，对不育株进行标记。次日对未标记的开花株进行观察识别，依旧拔除可育株，标记不育株。如此一直把母本行中的可育株全部拔除为止。为了提早增大不育株的空间和营养面积，使其充分生长发育，便于田间管理，可在开花前 1 周进行剥蕾识别。当花蕾长到 1.5 cm 时，如果基部大而顶部尖，显得瘦长，手捏时感到顶部软而空，剥开花蕾，花丝短，花药呈紫褐色，其中无花粉粒或花粉粒很少，柱头明显高出花粉管和花药，则为不育株。如果花蕾粗壮，顶部钝圆，手捏顶部感到硬，剥开花蕾可见柱头基本不高出花药或高出也不明显，则为可育株，即可拔除。

d. 人工辅助授粉。棉花绝大部分花在上午开放。晴朗的天气，上午 8 时左右即可开放。当露水退后，即可在父本行中采集花粉或摘花，给不育株的花授粉。采集花粉，可用毛笔蘸取花粉涂抹在不育株花的柱头上，如果摘下父本的花，可直接在不育株花的柱头上涂抹。一般 1 朵父本花可给 8～9 朵不育株的花授粉，不宜过多。授粉时要注意使柱头授粉均匀，以免出现歪铃。为了保证杂交种的饱满度，在 8 月中旬应结束授粉工作。

e. 种子收获与保存。为确保杂交种的饱满度和遗传纯度，待棉铃正常吐絮并且充分脱水后才能采收。采摘时先收父本行，然后采摘母本行，并做到按级收花，分晒、分轧和分藏。由专人负责各项工作，严防发生机械混杂。

③亲本的提纯　杂种优势利用的一个重要前提就是要求杂交亲本的遗传纯度要高，亲本的纯度越高，杂种优势越强。所以不断对亲本进行提纯是一项重要工作。

a. 父本的提纯。在隔离条件下，采用三圃制或二圃制方法繁育父本品种，以保持原品种的种性和遗传纯度。

b.“两用系”的提纯技术。种植方法可采用混合种植法，亦可以采用分行种植法。分行种植法操作方便，它是人为的确定以拔除可育株的行作为母本行，以拔除不育株的行作为父本行。在整个生长期间，要做好去杂去劣工作。选择农艺性状和育性典型的不育株和可育株授粉，以单株为单位对入选的不育株分别收花，分别考种，分别轧花。决选的单株下一年种成株行，将其中农艺性状和育性性状典型的株行，分别进行株内可育株和不育株的兄妹交，然后按株行收获不育株，考种后将全部入选株行不育株的种子混合在一起，供繁殖“两用系”用。

无论是父本品种的繁殖田，还是“两用系”的繁殖田，都要设置隔离区，以防生物学混杂。

(3)人工去雄制种技术

①人工去雄制种的优缺点　人工去雄配制杂交种费工费时，但是能尽早地利用杂种优势，更能发挥杂交种的增产作用。只要有强优势组合，采取人工去雄配制杂交种是很有应用价值的。

②杂交种配制技术　隔离方法和要求如前述。一朵父本的花可以给母本授粉6～8朵花，所以父本行不宜多，以利于单位面积生产较多的杂交种。为了去雄、授粉工作方便，可采用宽窄行种植方式，宽行100 cm，窄行67 cm。或宽行90 cm，窄行70 cm。父母本相邻行采用宽行，以便于授粉和避免收花时父母本行混收。

在开花前，要根据父、母本品种的特征特性和典型性进行一次或多次的去杂去劣工作，以确保亲本的遗传纯度。以后随时发现异株要随时拔除。开花期间，每天下午在母本行进行人工去雄。当花冠露出苞叶时花即可去雄。去雄时，用双手的拇指和食指捏住花蕾，撕下花冠和雄蕊管，注意不要损伤柱头和子房。去掉的花蕾带到田外以免第二次散粉。将去雄后的花蕾作标记，以便于次日容易发现进行授粉。每天上午8时前后花陆续开放，这时从父本行中采集花粉给去雄母本花授粉。授粉时花粉要均匀地涂抹在柱头上。为了保证杂交种的饱满度和播种品质，正常年份应在8月15日前结束授粉工作，并将母本行中剩余的花蕾全部摘除。

收获前还要对母本行进行一次去杂去劣工作，以保证杂交种的遗传纯度。收获时，先采收父本行，然后采收母本行，以防父本行的棉花混入母本行。并且按级收花，分晒、分轧、分藏，由专人保管，以免发生机械混杂。

③亲本繁殖　在隔离条件下，采取三圃制或二圃制方法繁殖亲本品种，以保持亲本品种的农艺性状、生物学和经济性状的典型性及其遗传纯度。

四、讨论与巩固

1. 比较棉花三圃制原种生产、自交混繁法的程序特点。
2. 棉花原种生产中单株选择技术有哪些？
3. 棉花自交混繁法有哪些技术要点？
4. 棉花杂交种子生产方法有哪些？

任务五 大豆种子生产技术

一、学习准备

(一)知识准备

1.大豆的花和花序

大豆的花序为总状花序,着生在叶腋间或茎顶端。一个花序上的花朵通常是簇生,一般成为花簇。不同品种花簇大小不同,通常分为长轴型、中长轴型和短轴型三种类型。

大豆的花较小,长 3~8 mm,花色分紫色和白色两种。花为典型的蝶状花,由苞叶、花萼、花冠、雄蕊和雌蕊组成。每朵花有两个苞片,成管形,很小,其上生有茸毛。花萼位于苞片的上部,由 5 个萼片组成,下部联合成管状,花萼绿色,上面生有茸毛,能进行光合作用。位于花萼内的花冠为蝴蝶形,由 5 枚花瓣组成。外面最大的一枚叫作旗瓣,未开花前包围其他 4 瓣。旗瓣两侧有两枚大小、性状相同的翼瓣。另两枚为龙骨瓣,其下侧方连在一起,形似鸡胸之龙骨,它在花冠的最里面。花冠里有雄蕊 10 枚,雌蕊 1 枚。其中 9 枚雄蕊的花丝连在一起呈管状,将雌蕊包围,另一枚雄蕊单独分开。花丝顶端生着花药,花药 4 室,其中约有 5 000 个的花粉粒。雌蕊由柱头、花柱和子房三部分组成。柱头为球形,在花柱顶端。花柱下部的子房一室,内含胚珠 1~4 个,以 2~3 个居多。

2.大豆的开花习性

大豆从出苗到开花需要 50~60 d,夏大豆 30~40 d。从幼蕾到开花需要 3~7 d。大豆一般在上午 6~11 时开花,午后很少开花,每朵花开放的时间依品种和气候条件而异,长的可达 4 h,短的则仅 30 min,平均 2 h 左右。每株开花持续时间为 14~58 d,无限结荚类型和晚熟品种开花时间较长。

大豆的雌蕊具有早熟特性,在开花前 24 h 就有接受花粉的能力,故自然条件下常行闭花授粉,常在开花前几分钟就完成授粉过程。所以,大豆天然异交率很低,一般为 0.5%~1%,为典型的自花授粉作物。

(二)仪器设备准备

(1)播种用具 锄头、铁锹、铁耙、拉线绳、肥料桶等。

(2)物资准备　大豆亲本种子、有机肥、化肥等。

(3)测量用具　卷尺、直尺、刀片、天平、标签、铅笔。

二、项目设计与实施

(一)项目任务设计

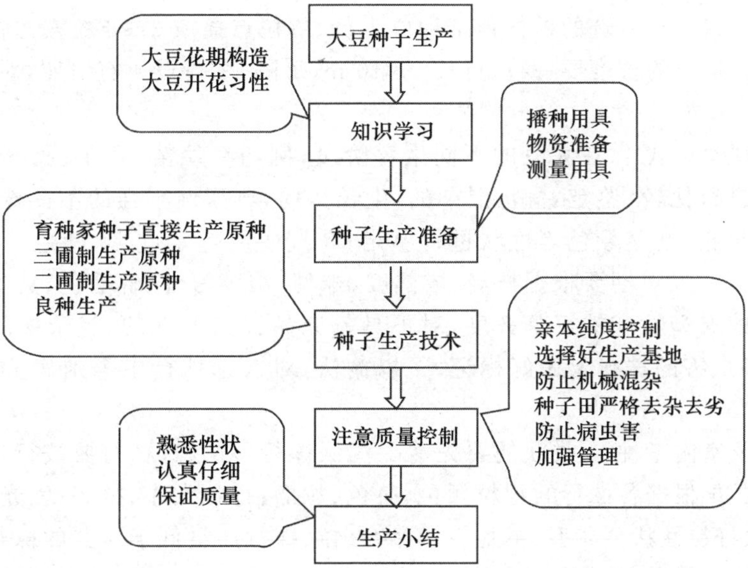

(二)项目任务实施

1. 大豆原种生产技术

(1)利用育种家种子直接生产原种　由育种家提供种子进行扩大繁殖,扩大繁殖种子储存于低温库中,每年提供相应的种子量,或者育种家按照育种家种子标准每年进行扩繁,提供种子。

(2) 三年三圃制生产原种

①单株选择　单株选择可在原种圃、株行圃、株系圃或纯度较高的种子田进行,也可单独建立选择圃供单株选择。

初选　花期根据花色、叶形、病害情况选择具有本品种典型特征特性、生长健壮的单株,并挂牌标记;田间初选的单株数量应比决选出的单株数量增加1倍。

复选　成熟期,在初选的单株中,根据株高、成熟度、茸毛色、结荚习性、株型、荚型、熟相等性状进行再次选择,注意不要在地头、地边和缺苗断垄处选择,入选单株要挂牌标记。选株数量根据株行圃的面积来定,一般每公顷株行圃需 6 000～

7 500个株行。

决选　成熟期当选的单株要连根拔起，收回室内进行考种。首先根据植株的全株荚数、荚粒数选择典型性强、丰产性好的单株；单株脱粒后，根据籽粒大小、整齐度、光泽度、粒形、粒色、脐色、百粒重、感病情况做最后选择，决选的单株在剔除个别病、虫粒后分别装袋编号保存。

②株行比较

种植　将上年入选的单株种子种成 1 行，单粒点播或 2～3 粒穴播留 1 苗，建立株行圃。株行的长度要一致，行长 5～10 m，每隔 19 行设 1 行对照，对照应是同品种原种。

田间观察记载　在大豆的不同生育阶段，例如在幼苗、开花、成熟阶段要分别与对照进行比较、鉴定，淘汰混杂的，生长势弱，典型性不强的不良株行。苗期根据幼苗长相、幼茎颜色等性状进行鉴定；花期主要鉴定叶形、叶色、花色、茸毛色、感病性等；成熟期要根据株高、成熟度、株型、结荚习性、茸毛色、荚型、熟相来鉴定品种的典型性和株行整齐度，对不具备原品种典型性的、有杂株的、丰产性低的、有病虫害的株行要做好标记，予以淘汰，对入选株行中个别病劣株要及时拔除。

收获及室内考种　收获前要先清除淘汰株行，对入选株行要按行单独收获、晾晒、脱粒，再根据各株行的籽粒颜色、脐色、粒形、籽粒大小、整齐度、光泽度进行鉴定，淘汰籽粒性状不典型、不整齐、有病虫粒、株行产量低于对照的株行，决选各株行单独装袋保存，袋内外放、拴好标签。若采用二圃制，入选株行的种子可混合收获。

③株系鉴定　将上年入选的株行种子各种 1 小区，单粒点播或 2～3 粒穴播留 1 苗，密度应稍稀于大田。株系圃小区面积依上年各株行的种子量而定，各株系的行数、行长及密度要一致，每隔 9 个或 19 个小区设 1 区对照。田间鉴评方法同株行圃，若小区出现杂株时，全区应淘汰，同时要注意各株系间的一致性。各入选株系的收获及室内决选等同株行圃。决选时还要将产量显著低于对照的株系淘汰。入选株系的种子混合装袋，袋内外放、拴好标签，妥善保存。

④原种圃　将上年混合的株系(或株行)圃种子或采用育种家种子扩大繁殖，建立原种圃。为避免种子混杂，保持优良种性，原种生产田周围不得种植其他品种的大豆。原种圃常采用早播、稀播的方法，行距 50 cm，株距 10～15 cm 单粒等距点播，加强栽培管理，以提高繁殖系数。在苗期、花期、成熟期根据品种的典型性严格拔除杂、病、劣株，成熟时及时收获，要单独收获、运输、晾晒、脱粒，严防机械混杂，以保证原种的纯度。原种圃收获的种子即原种。

(3)二年二圃制原种生产技术 三年三圃制生产时间较长,大豆原种生产也可以采用二年二圃制生产原种。其程序是单株选择、株行比较、混系繁殖,只要掌握好单株选择这一关键,也能生产出高质量的原种。

2. 大豆良种生产技术

在良种生产单位,因上级种子部门提供的原种数量较少,一般需经过扩大繁殖后才能满足生产需要。良种生产单位必须建立种子田,以保证所生产良种的种子纯度。还要根据实际情况采用不同的选优提纯的方法和程序。

(1)种子田选优提纯的方法

①株选法 也称混合选择法。即在大豆成熟时,选择生产健壮、结荚多、无病虫、具有本品种典型特征特性的单株,混合脱粒,供下年种子田用,选择单株数量要根据下年种子田面积而定。

②片选法 也称去杂去劣法。即在大豆成熟前在田间进行去杂去劣,然后进行混合收获,其种子留作下年种子田用。

(2)种子田的繁殖程序 种子田繁殖程序有两种,即一级种子田制和二级种子田制。

①一级种子田制 用上级原种生产单位提供的原种,在种子田生产良种,下代用株选法从种子田中选择典型单株,混合脱粒作为第二年种子田用,余下的采用片选法去杂去劣,供第二年大田生产用种。

②二级种子田制 在一级种子田种采用株选法所收获种子供给下一年一级种子田用种,余下的采用片选法所得种子作为下一年二级种子田用种,二级种子田去杂去劣后的种子应用于大田生产。

不论是哪种种子田制,一级种子田的种子都不能无限期地繁殖下去,必须在使用一定年限后,用上级提供的原种进行更换,以保证生产的良种的纯度和种性。

三、讨论与巩固

1. 大豆品种的主要性状有哪些?
2. 大豆品种混杂退化的主要原因及其防杂保纯措施。
3. 大豆三圃制原种生产的程序特点。
4. 大豆原种生产程序中,单株选择有哪些技术要点?

任务六 甘薯种子生产技术

一、学习准备

(一)知识准备

1. 甘薯的生物学特性

甘薯,属于旋花科甘薯属,是重要的高产、稳产、适应性强、具有多种用途的无性繁殖作物。我国甘薯总产占世界甘薯的 80%以上,是世界第一大甘薯生产国。但产量平均水平总体较低,且高低不平衡,增产潜力较大。

(1)根 由薯苗或茎蔓生长的根均称为不定根。根据不定根的发育情况可分为纤维根、柴根和块根三种类型。纤维根(吸收根或须根)形状细长,生有较多的分枝和根毛,其主要功能是吸收土壤中的养料和水分。柴根(梗根或牛蒡根)粗如手指,长约 30 cm 左右;甘薯根在伸长后因环境不良阻碍了块根膨大而形成的,无经济价值且消耗养料,生产上应防止发生。块根(贮藏根)是甘薯栽培收获的主要部分,也是甘薯的无性繁殖器官。所贮藏的主要成分为碳水化合物和水分,此外还有蛋白质、灰分和多种维生素。块根的形状一般有纺锤形、球形、圆筒形和块状形等几种形状(图 2-17)。有的品种块根表面光滑,有的表面有 4～6 条纵沟或表面粗糙。块根皮色基本有白、黄、红和紫色等,薯肉基本色有白、黄、红或带有紫晕。块根的皮色、肉色是鉴别品种的主要特征。甘薯单株结薯数目因品种而异,一般为 2～5 个。

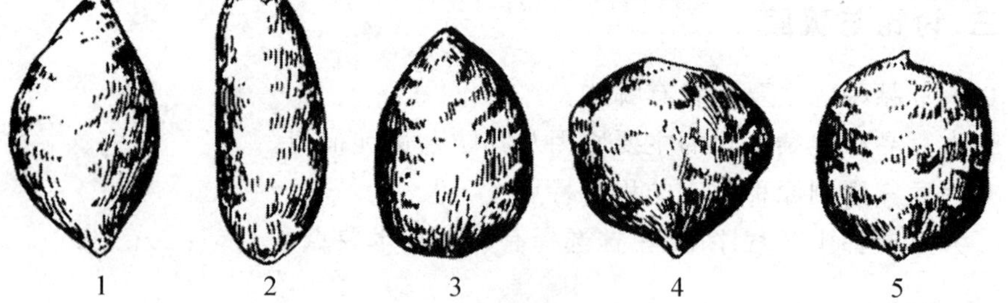

图 2-17 甘薯块根的形状

1. 纺锤形 2. 圆筒形 3. 椭圆形 4. 球形 5. 块状形

(2)茎　又称为秧或蔓,茎节处可发生分枝和不定根,可利用茎蔓栽插进行繁殖。甘薯茎蔓的颜色有绿、紫、褐或绿中带紫色等;茎蔓的长短和分枝的多少因品种和栽培条件的不同而异。长蔓型品种,春薯茎长 3 m 以上,夏薯茎长 2 m 以上;春薯茎长在 1.5 m 以下,夏薯茎长在 1.0 m 以下的为短蔓型品种;介于两者之间的为中蔓型品种。

(3)叶　甘薯属双子叶植物,实生苗最先长出一对子叶,茎上每节着生一片叶,以 2/5 叶序呈螺旋状排列。叶形有心脏形、三角形、掌状等。叶缘可分为全缘和深浅不同的缺刻。叶色有绿、浅绿和紫色等。顶叶色是识别品种的主要特征之一。

(4)花、果实、种子　甘薯雌雄同花,花单生或若干朵集成聚伞花序,花形如漏斗状。有雄蕊 5 个,花丝长短不一,花粉囊分为两室。雌蕊 1 个,柱头球状分二裂。甘薯属于异花授粉植物,一般自然异交率在 90% 以上,自交结实率很低,但品种材料间差异很大。甘薯是喜温、短日照块根作物。绝大多数品种在 N23°以北长日照自然条件下多不能自然开花。果为圆形或椭圆形蒴果,每果里有 1～4 粒种子,种皮褐色且厚而坚硬,不易吸水发芽难,生产上一般不用种子播种,多用于选育新品种。

2.甘薯的繁殖特性

(1)极强的再生性　甘薯是一种再生能力极强的作物,它的周身每一部分(块根、茎蔓、叶、叶柄),只要有适宜的环境条件,都能生根发芽,生长发育成独立的植株体。

(2)无休眠性　甘薯的种子和薯块均无休眠现象,种子成熟后即可播种。块根只要温湿度适合就能萌芽出苗。在贮藏期间,块根由于缺乏必要的生长条件(主要是温度)才停止生长,属于强迫休眠。

(3)多芽性　从甘薯块根生出的芽为不定芽,一般呈潜伏状态分布在块根的周身;数量以顶部最多,中部次之,基部最少。在适宜的条件下,萌发成芽进而长成秧苗,其出芽率为 20%～30%,但在高温催芽时,萌芽数增多。

(4)变异性　甘薯芽变体出现的频率很高,其变异表现在秧苗、地上部的叶脉色、蔓色、顶叶色、蔓变长,地下部的薯皮色、薯肉色及小薯增多等性状上。

3.甘薯品种混杂退化及防杂保纯措施

甘薯品种混杂退化是指由于品种机械混杂、变异和病毒感染等而引起的产量降低、品质变劣、适应性减弱等现象。在形态特征上表现为藤蔓变细、节间拖长,叶片失绿条斑,薯块变形、变长、纤维增多、水分增多、干物质降低,食味不佳,茎叶、薯块容易感染病害等。

(1)混杂退化的原因

①芽变产生无性变异　在甘薯长期的无性繁殖过程中，芽变极容易被保留下来。据报道，甘薯芽变频率可达30%，大部分芽变对其自身有利，而不符合人类生产的要求，引起品种退化。

②品种机械混杂　品种较多时，在收获、运输、贮藏、育苗和移栽过程中，很容易发生机械混杂，影响产量。

③病毒引起的退化　目前，影响我国甘薯退化的病毒主要是羽状斑驳病毒和甘薯潜隐花叶病毒，病毒可侵染植株和薯块，随无性繁殖而蔓延，可通过桃蚜、棉蚜传毒，感病植株结薯少甚至不结薯，使产量降低，品种严重退化。

(2)防杂保纯措施

①建立规范的繁育体系　建立由上而下的趋向产业化的良种繁育体系，保证种薯生产的质量和数量。薯苗生产和经营同种应实行生产许可证和经营许可证，保障质优无病的种苗用于生产。

②抓好原种生产。原种生产有两种方式：第一，采用以“保纯繁殖”为主的技术路线，在繁育体系中，由上而下分级繁殖。由育种单位提供原原种加代繁殖一级原种，由一级原种加代繁殖二级原种。在繁殖过程中，严格去除杂去劣，保持原品种的典型性和纯度。第二，采用“提纯复壮”循环选择法生产原种路线，通过株行圃和株系圃而进行了一、二代的遗传鉴定，其主要技术要点见表2-19。

表2-19　“提纯复壮”循环选择法主要技术要点

时间	基本程序	主要技术要点
第一年	选留单株	在原种圃或留种田选优良单株。对入选株地上部分做标记，收获时对地下结薯的特征特性进行复选。地上地下表现均符合原品种特点的才能入选，当选单株留150 g以上薯块作种，编号分株贮藏
第二年	株行鉴定	对种薯复选后，把不同的种薯隔开育苗；选茎蔓粗壮的健苗，在距床面3.5～7.0 cm处剪下，按原编号栽人采苗圃繁苗；所采的秧苗，在起垄的株行圃单行(30个秧苗)插栽，在封垄前和收获期进行去杂去劣评比鉴定。入选行可混合，单独贮藏，供下年混系繁殖
第三年	混系繁殖	将上年混行种薯育苗，根据实际情况决定是否设立采苗圃繁苗、栽入大田后，要严格去杂去劣，除病株，适时收获，安全贮藏。对所获得原种一代种薯用于繁殖一级良种用

(二)仪器设备准备

(1)播种用具　有锄头、铁锹、铁耙、拉线绳、肥料桶、水桶等。

(2)物资准备　甘薯种薯、薯苗、有机肥、化肥等。

(3)测量用具　卷尺、直尺、刀片、天平、标签、铅笔。

二、项目设计与实施

(一)项目任务设计

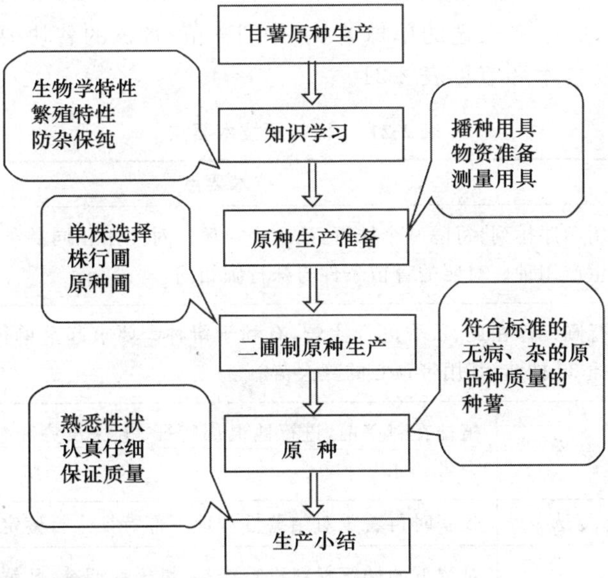

(二)项目任务实施

(1)单株选择（表 2-20）

表 2-20　单株选择技术要点

工作环节	选择材料	选择时间	依据形状	选株数量	注意事项
初选	原种圃、留种田或纯度高的大田内选择	在植株团棵至封垄前	根据原品种地上部的特征，目测比较	单株材料数量要根据下一年株行圃的面积定：200～300 株/667 m^2	对选择好的单株做好标记

续表 2-20

工作环节	选择材料	选择时间	依据形状	选株数量	注意事项
复选	初选单株	收获时	根据原品种结薯的特征特性	选留初选数量的 50%左右的单株	用木条箱（或柳条筐）分株装好
决选	贮藏单株	出窖时	原品种薯块特征特性	全部符合要求的单株	安全贮藏

(2)株行圃　将上年入选的单株薯块，分别育苗，各株的薯块要隔开，建立采苗圃；株行圃的主要技术环节见表 2-21。

表 2-21　株行圃技术要点

工作环节	技术要点	
株行圃田间设计	采用顺序排列，每隔 9 个株行，设 1 个对照。对照用相同品种的原种或高纯度的生产用种。对照的育苗条件与株行圃相同	
种植要求	株行圃一律在夏、秋季进行比较，有利于留种。要求起垄单行栽插，每个株行栽插 30 株苗，都用带顶心的蔓头苗	
株行材料鉴定	初次	植株在封垄前，进行地上部特征、植株长势和整齐度鉴定，去杂去劣
	复选	收获时再着重对结薯性和地下部特征进行鉴定，去杂去劣
	决选	对留下的株行材料进行产量、烘干率调查，凡鲜薯产量和烘干率不低于于对照的，即可入选。最后将入选的株行材料，混合集中一起，单独贮藏，下年进入原种圃

(3)原种圃　将上年当选株行的混合种薯育苗，并设采苗圃繁苗，在夏季或秋季栽种原种，并对原种圃分别在封垄前和收获期进行选择，根据原品种地上、下部特征特性，去杂去劣，拔除病株。在育种过程中，都要防杂、保纯，以保证原种的质量。

知识框

我国甘薯生产上现阶段主要推广的优良品种有哪几种类型？

我国目前生产上主要推广的优良品种主要有：优质食用型品种：品质优良，生食、熟食均可，蒸烤、加工薯脯等很好；高产高淀粉型品种：出粉率较高，淀粉黏度强、白度高；高营养保健特色品种：比如紫薯、黑薯、黄金薯等；茎叶饲料用型品种、食蔬用兼型品种、观赏型品种等。

三、学习拓展

甘薯脱毒种薯分级标准：

一般生产上将脱毒种薯分为5级：高级脱毒薯（苗）→脱毒原原种薯（苗）→脱毒原种薯（苗）→一代生产种薯（苗）→二级生产种薯。

四、讨论与巩固

1. 甘薯具有哪些特殊的繁殖特性，在生产上有何意义？
2. 甘薯品种混杂退化在形态特征上表现有哪些？
3. 甘薯混杂退化的原因和防治措施是什么？
4. 利用三年两圃制如何生产甘薯原种？

任务七　马铃薯种薯生产技术

一、学习准备

（一）知识准备

1. 马铃薯的繁殖方式

（1）营养繁殖　是利用营养器官：叶、茎、花等繁殖后代，是生产中常用的繁殖方式。特点是易保纯，但易积累病害，主要是病毒病，在繁殖中需防除病毒。

（2）有性繁殖　马铃薯属于典型的自花授粉作物，可以进行有性繁殖。花序为聚伞花序；其果实为圆形或椭圆形浆果，内含种子100～200粒。马铃薯可以通过种子繁殖获得无病毒的实生薯而使种薯脱毒。

2.马铃薯块茎的特征特性

正确识别马铃薯块茎的特征特性(表 2-22),便于马铃薯的生产、繁殖。

表 2-22 马铃薯块茎的主要特征特性描述及识别

特征特性识别	特征特性描述	生产实践上的应用
解剖结构	自外向里包括周皮、皮层、维管束环、外髓和内髓	
皮孔	块茎表皮光滑、粗糙或有网纹,其上分布有皮孔(皮目)	
芽眼	块茎上生有呈螺旋状排列的芽眼,块茎顶端的芽眼(顶芽)较大,在块茎萌发时顶芽最先萌发,且芽势最强,以下逐渐减弱	切块播种
大小	马铃薯单个块茎大小多在 50～250 g,最大可达 1 500 g	这些性状都可作为品种鉴定的依据。
形状	成熟的马铃薯块茎具有固定的形状,一般为圆形、椭圆形或长筒形	
颜色	马铃薯块茎的皮色一般有黄、白、紫、深红、浅红、玫瑰红、浅蓝和深蓝等,肉色有黄、白、红、紫、蓝等	
休眠性	马铃薯的休眠期主要与品种有关。有的品种休眠期短则 1～2 个月,而长的可达 3～4 个月;在高温、高湿环境下休眠期缩短	

(二)仪器设备准备

(1)茎尖培养脱毒用具　实验室、超净工作台、刀片、镊子、试管、MS 培养基等。

(2)播种用具　有锄头、铁锹、铁耙、拉线绳、肥料桶、喷雾器等。

(3)物资准备　有马铃薯良种种薯、有机肥、化肥、杀菌剂等。

(4)测量用具　卷尺、直尺、刀片、天平、标签、铅笔。

二、项目设计与实施

(一)项目任务设计

1.马铃薯茎尖培养脱毒生产原种项目任务设计

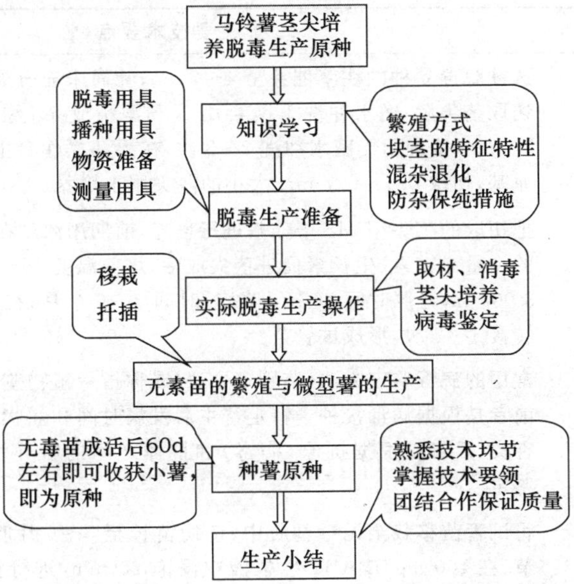

2.马铃薯良种生产项目任务设计

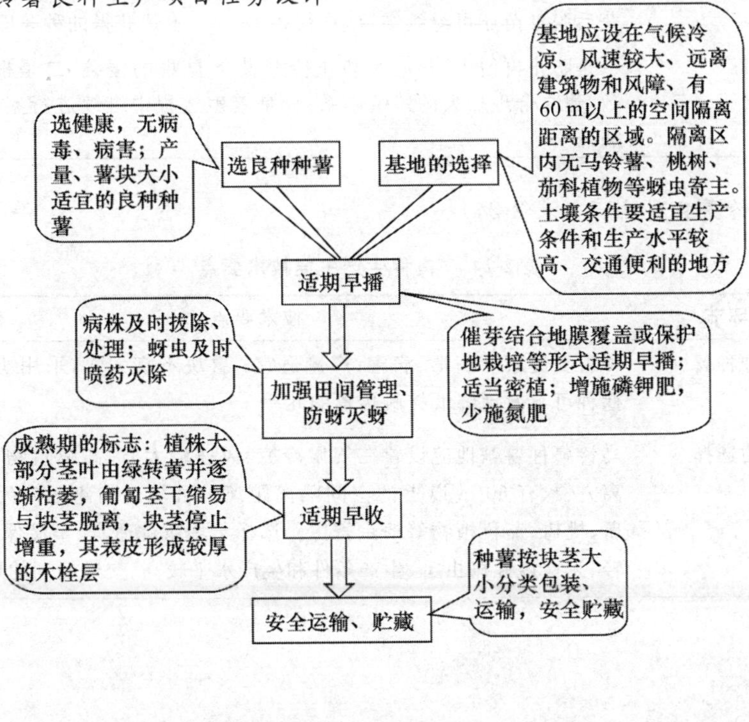

(二)项目任务实施

1. 马铃薯茎尖培养脱毒生产原种(表 2-23)

表 2-23　茎尖培养脱毒生产原种主要技术要点

工作环节	主要技术要点
取材与消毒	选欲脱毒品种的块茎催芽至 4～5 cm,叶尚未充分展开时,用消毒刀片切取茎尖后,净水冲洗 1 h,再用 95%酒精或 5%漂白粉溶液浸泡 5～10 min,接着用无菌水冲洗 2～3 次,在无菌操作台上,用解剖针剥去叶原基,切取 0.1～0.7 mm 大小的茎尖用于培养
茎尖培养	把切取的茎尖用 MS 培养基进行培养,前期用浓度在 10^{-7}～10^{-6} mg/L 的少量赤霉素、生长素促进茎尖成活,培养温度 15～25℃,光照 1 000～3 000 lx,光照时间 16 h/d 为宜,时间 3～6 个月,在其间用同样培养基转接 1～2 次,形成试管苗
病毒的鉴定	常用的病毒鉴定方法:鉴别寄主法(或称指示植物鉴定)和抗血清鉴定,前者是根据病毒接种于特定寄主后发病时间和症状表现来判断病毒的种类,后者是根据抗原(病毒)和抗体之间的特异性反应对病毒进行鉴定
无毒苗的繁殖与微型薯的生产	将试管苗移栽至无毒基质中,待幼苗长至 5～6 片叶时剪取顶端 2～3 节,在 100 mg/L ABT 生根液中浸泡 20 min,进行扦插。扦插密度按 4 cm×5 cm 株行距。一般无毒苗成活后 60 d 左右即可收获微型薯,收获后脱毒苗还可继续结薯,收获 2～3 次。上述获得的种薯即为原种
建立无病毒繁殖体系	一是防止再侵染,核心是防止传毒媒介-昆虫的侵袭;二是根据繁殖系数,建立合理扩大的繁殖体系;三是繁殖过程中继续进行鉴定,以去除病株

2. 马铃薯良种生产(表 2-24)

表 2-24　良种生产主要技术要点

工作环节	技术要点
选良种种薯	种薯要健康无病毒、病害;产量适宜;薯块不宜太大,采用小薯块整薯播种可有效地降低接触传毒的几率
基地的选择	马铃薯种薯基地应设置在气候冷凉、风速较大、远离建筑物和风障、隔离方便、有 60 m 以上的空间隔离距离的区域。隔离区内无种植马铃薯、桃树、茄科植物等蚜虫寄主。选择土壤条件适宜、旱涝保收、病害较轻、无检疫性病虫害、生产条件和生产水平较高、交通便利的地方

续表 2-24

工作环节	技术要点
适期早播	采用催芽结合地膜覆盖或保护地栽培等形式适期早播
加强田间管理	常观察，及时拔除田间病株并做适当处理以防止再感染；积极防蚜灭蚜
适期早收	成熟期的标志：植株大部分茎叶由绿转黄并逐渐枯萎，匍匐茎干缩易于块茎脱离，块茎停止增重，其表皮形成较厚的木栓层。适时早收以减少病毒感染
安全运输、贮藏	种薯收获后按块茎大小分别包装、运输、安全贮藏

三、学习拓展

表 2-25　种薯分级指标

项目名称	级别	纯度不低于(%)	薯块整齐度不低于(%)	不完善薯块不高于(%)
马铃薯、甘薯	原种	99.5	85.0	1.0
	一级良种	98.0	85.0	3.0
	二级良种	96.0	80.0	5.0
	三级良种	95.0	75.0	7.0

注：马铃薯、甘薯的薯块整齐度系指马铃薯每个重量 50～200 g，甘薯每个重量 100～250 g 的薯块占总量的百分比。不完善薯块系指机械损伤、虫鼠咬伤、自然干裂或严重畸形的薯块所占总块数的百分比。

四、讨论与巩固

1. 马铃薯种薯混杂退化后有哪些表现与危害？原因是什么？
2. 如何搞好马铃薯的防杂保纯工作？
3. 茎尖培养生产无毒马铃薯的原理是什么？主要技术环节有哪些？
4. 在马铃薯良种生产过程中要做好哪些工作？

任务八　油菜种子生产技术

一、学习准备

(一)知识准备

1.油菜的花器构造

油菜为十字花科芸薹属植物，有白菜型、芥菜型和甘蓝型三大类型，以甘蓝型为主。花序为总状无限花序，由主花序和分枝花序组成。着生在主茎顶端的为主花序，着生在主茎上的分枝为一次分枝，着生在一次分枝上的分枝为二次分枝，依此类推。油菜的花由花萼、花冠、雌蕊、雄蕊、蜜腺5个部分组成。花萼在花的最外围，共有4个萼片，绿色或淡绿色。花冠有花瓣4片，在开放时呈“十”字形，一般黄色。雄蕊有6枚，四长两短。每个雄蕊由花丝和花药两部分组成，成熟时药室沿着裂缝开裂，通过昆虫或风力散布成熟的花粉粒。雌蕊1枚，位于花的最内层中央部分，由柱头、花柱、子房三部分构成。

2.油菜开花习性

油菜开花顺序：先主花序，其次第一分枝，再次是第二分枝；各次分枝花序由上往下依次开放；同一花序，不论是主花序还是分枝花序，都是由下往上依次开放。

油菜上午8～12时开花最多，开花适宜温度范围为10～20℃，最适温度为14～18℃，5℃以下或30℃以上不能正常开花。油菜开花适宜的相对湿度为70％～80％，60％以下或95％以上，不利于开花。连续阴雨，花粉管吸水过多而膨胀开裂，造成受精结实不正常。油菜一朵花由萼片开裂到花瓣完全平展，需要24～30 h，从开放到花瓣、雄蕊完全脱落要4～7 d，雌蕊在开花前后5～7 d均可接受花粉，授粉后18～24 h受精卵形成，受精卵以后发育成种子。

3.油菜果实种子形态结构

油菜角果由受精雌蕊发育而来，花柄形成果柄，子房形成果身，花柱和柱头形成角喙。角果形态类型有细长角果、粗长角果、细短角果、粗短角果等。

油菜种子大小与品种类型有关，一般芥菜型油菜种子较小，千粒重在1.0～2.0 g，甚至在1.0 g以下。甘蓝型油菜种子较大，千粒重在2.5～3.5 g，甚至在4.0 g以上。白菜型品种种子大小变幅较大，一般千粒重3.0～5.0 g。

4.油菜品种主要性状及识别

油菜是我国主要油料作物之一，品种类型多样，不同类型品种性状差异大，各类型品种的主要性状，详见表 2-26。

表 2-26　油菜品种类型与特征特性

性状识别		性状描述
生育时期	发芽出苗期	从播种到出苗
	现蕾期	全田 75%的植株开始现蕾
	抽薹期	全田 75%的植株开始抽薹
	蕾薹期	从现蕾至始花阶段。此期为营养生长旺盛，生殖生长由弱转强的时期，是油菜春发稳长、根强、秆壮、枝多，角果多、粒多、粒重打基础的关键时期
	开花期	始花至终花。花期一般 25～30 d。开花期是油菜营养生长与生殖生长两旺的时期，此期对环境更为敏感，是决定角果数和每果粒数的重要时期
	角果成熟期	从终花到角果、种子成熟为角果发育成熟期，一般 30 d 左右
植株性状	植株形态	甘蓝型：植株中等或高大； 芥菜型：较高大，株型松散，分枝纤细，分枝部位高； 白菜型：较矮小，幼苗生长较快，须根多
	叶片	甘蓝型：茎生叶无叶柄半抱茎； 芥菜型：茎生叶有叶柄，不抱茎； 白菜型：茎生叶无叶柄全抱茎
	繁殖方式	甘蓝型：自交亲和与不亲和并存； 芥菜型：自交亲和与不亲和并存； 白菜型：自交不亲和
	授粉习性	甘蓝型：异交率低，常异交作物； 芥菜型：异交率低，常异交作物； 白菜型：异交率高，典型异交作物
	角果着生类型	甘蓝型：直生型（果柄与果轴角度近 90°）或垂生型（角果向下垂挂、果柄与果轴角度大于 90°） 芥菜型：平生型（果柄与果轴之间角度 20°～30°，果身基本与果轴平行） 白菜型：斜生型（果柄与果轴所成角度为 40°～60°）

5.油菜防杂保纯

白菜型油菜属异花授粉作物，芥菜型和甘蓝型油菜为常异花授粉作物，所以异花授粉率较高，不但在品种间，而且在类型间以及一些芸薹属近缘种间都能杂交。因此在油菜良种生产中，要注意防杂保纯，具体措施如下：

(1)避免生物学混杂　在油菜开花前，应将种子生产基地周围的蜂群全部搬走，至少远离 1 000 m，防止蜜蜂串粉；随时剔除自生苗，包括邻近的其他作物田的自生油菜植株和十字花科蔬菜植株；种子基地内严禁种植高芥酸高硫甙油菜，基地周围农民菜地的十字花科作物应在开花前铲除。

(2)田间去杂　油菜种子生产田块去杂可在苗期、初花期和成熟期进行。以原有品种的典型性状为依据，严格把关，及时去杂去劣，保证种子纯度。

(3)防止机械混杂　收、晒、藏时要做好晒场、工具、包装袋等的清理，做到按品种、田块单收、单打、单晒、单藏，种子包装时应装内、外标签注明品种名称等，并由专人负责。

(二)仪器设备准备

(1)播种用具　有铁铲、锄头、铁锹、铁耙、拉线绳、肥料桶等。

(2)物资准备　有油菜亲本种子、有机肥、化肥、农药等。

(3)测量用具　卷尺、直尺、刀片、天平、标签、铅笔。

二、项目设计与实施

(一)项目任务设计

1.油菜“二圃制”生产原种项目任务设计

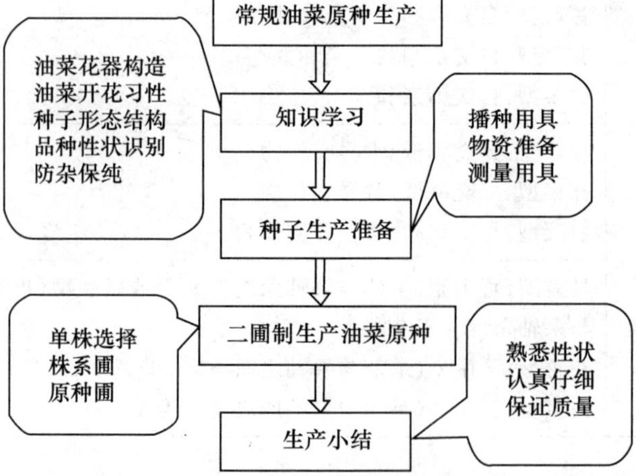

2.油菜制种生产项目任务设计

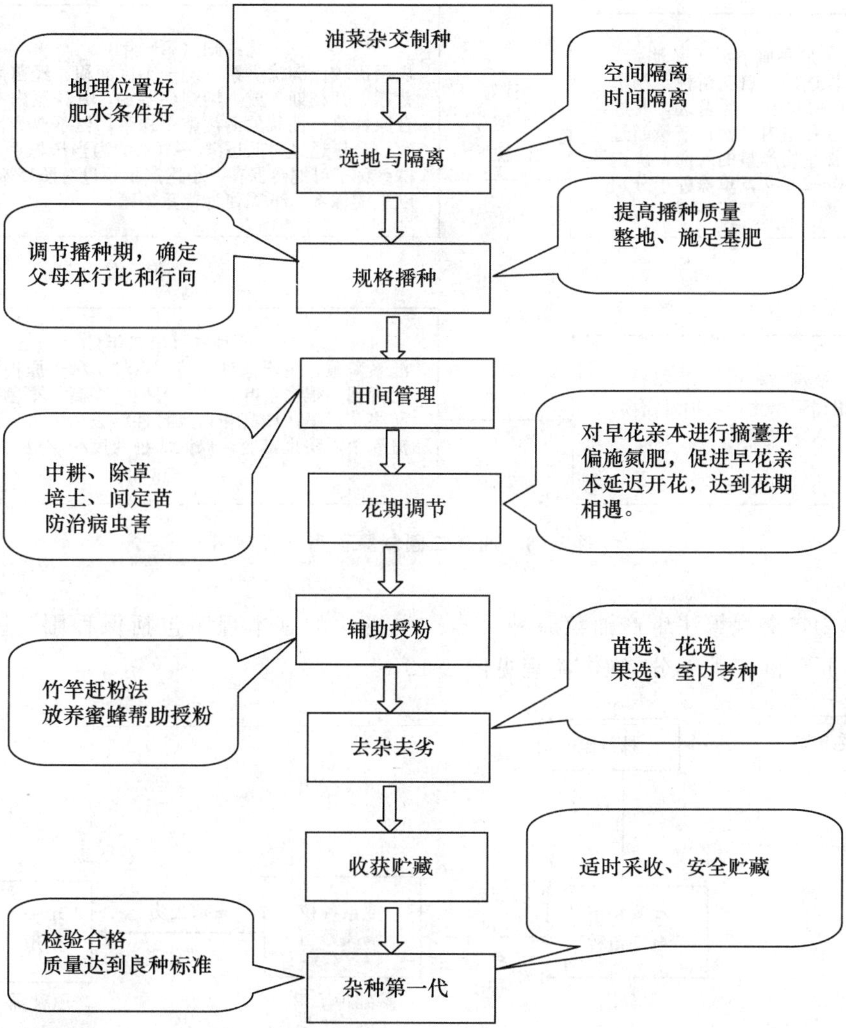

(二)项目任务实施

1.油菜常规品种原种生产及良种繁殖

(1)油菜原种生产

①“二圃制”生产甘蓝型油菜常规品种原种　在油菜原种圃或种子基地内，选择生长发育正常、具有原品种典型性状的优良单株，分别脱粒；下一季在株系圃分行(系)种植，进行株系选择，入选株系种子混合保存；下一季将混系种子种于原种

圃，生产原种种子。基本程序见图 2-18。

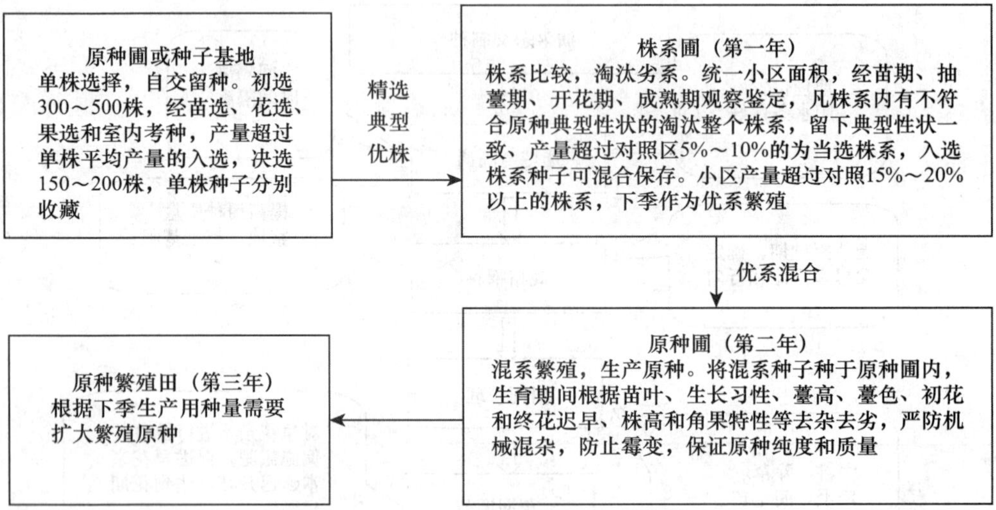

图 2-18　油菜二圃制原种生产程序图

②自交混繁法生产油菜原种　自交混繁法的基本程序包括保种圃、基础种子田和原种圃三大部分，操作流程见图 2-19。

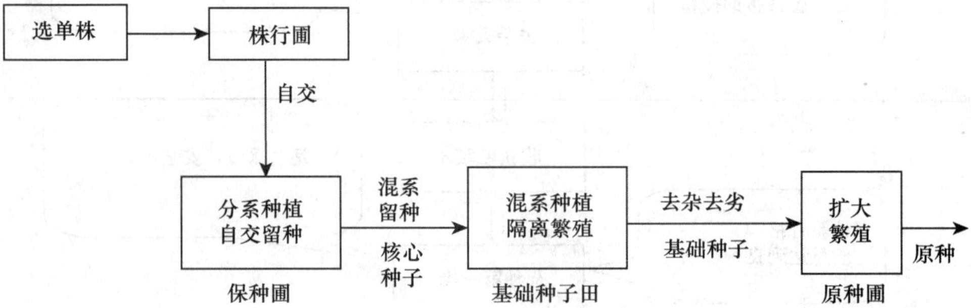

图 2-19　油菜自交混繁法生产原种示意图

单株套袋自交　选择性状优良、纯度高的株系作为基础材料，进行套袋自交，每年保留 20～30 个单系，每个单系内再选择 3～5 株套袋自交。

保种圃　入选单株经室内考种后，分系种植于保种圃内，每一单系一般为 200 株，在每一单系内继续选单株套袋自交，再作为下一年保种圃之用。

基础种子田　套袋以外的入选株系，混系收藏种子，作为核心种子，混系种植于基础种子田内，经隔离繁殖，去杂去劣，获得基础种子，为原种圃提供扩大繁殖种子。

原种圃 将基础种子混合后种植于原种圃，按原种生产操作规程严格管理，扩大原种繁殖，从原种圃生产出来的种子即为原种。

在不具备天然空间隔离条件下，用同品种大群体隔离方法，繁殖原种，并多次去杂去劣，确保原种的纯度和质量。

(2)油菜常规品种良种繁殖

①良种繁殖田的选择 建立油菜良种繁殖基地，选择隔离条件好、排灌方便、土壤肥沃、集中连片、地势平坦、背风向阳的地方作为繁殖基地。

②隔离保纯 主要采用时间隔离和空间隔离方法

时间隔离 我国的油菜和其他十字花科作物，一般是3月下旬至4月上旬以后开花，若将油菜移到早春播种，可推迟到4月下旬以后开花，这样，繁殖田油菜开花时间可与大田秋播油菜的花期错开，可达到防纯的目的。

空间隔离 在繁殖甘蓝型油菜时，与其他品种相隔离600 m，与白菜型油菜相隔300 m。

套袋隔离 单株套袋隔离只适用于自交亲和率较高的甘蓝型和芥菜型油菜。白菜型油菜，由于其自交结实困难，应将相邻的植株的部分花序，套入同一袋中并进行人工辅助授粉，可获得互交种子。

③防杂保纯 油菜种子具有细小圆滑的特点，在播种前进行浸种、拌种和晒种等预播处理，以及在收获、运输、贮藏和供种过程中都必须专人负责，精细操作，并要求用具干净，严防机械混杂。

2. 杂交油菜的制种

(1)油菜杂交制种的基本环节

①选地隔离 油菜花粉量大，在田间条件下借昆虫和风力传粉，天然杂交率高。因此，油菜是很容易由于“串花”而引起生物学混杂。在没有自然屏障隔离的条件下，不同品种间相距至少1 000 m，有自然屏障隔离或地形复杂的条件下，隔离距离300～500 m。

②调整播种期 如果父母本开花期相同或母本开花期比父本早2～3 d，可同期播种；如果双亲生育期相差较多，则应将开花晚的亲本提前播种，数日后再播另一亲本。

对错期播种在3～5 d以内的杂交组合，可将需早播的亲本用30～50℃温水浸种5 h后，双亲同期播种，对调节父母花期相遇也有较好的效果。

③父母本行比和行向 父本长势弱、花粉量少的，可用1∶2；父母本株高和生

育期相近，肥水条件好的，可用 1∶(3～4)。行向尽量与开花期的风向垂直，一般以南北向为好，以充分利用风力，增加结实率。

④播种与管理

播种要求：油菜种子很小，整地粗糙不易出齐苗。因此，繁殖和制种田的播种前都要精细整地，土壤细碎疏松、表土平整，无残茬，土壤墒情良好。并结合耕作施足底肥，一次全苗，培育壮苗。在施肥方面要特别注意磷肥和硼肥的施用，以便获得饱满的种子。

田间管理：苗期应结合中耕松土，早施薹肥，在抽薹期，当薹高 30 cm 时喷施硼肥，以提高制种产量。

⑤调节花期　如果花期不相遇，可将早开花的亲本的主薹摘去，并对摘薹后的亲本偏施氮肥，可促进早花亲本延迟开花，达到花期相遇。

⑥辅助授粉　在盛花期每隔 2～3 d 进行一次人工辅助授粉。方法是：晴天上午 10～14 时，用竹竿平行行向在田间来回缓慢拨动赶粉，提高异交结实率。还可在制种区周围放养蜜蜂，帮助授粉。最好在制种区播后 5 d 左右，在保护区播父本采粉区，供人工辅助授粉用。

⑦去杂去劣　与原种生产选优除杂的标准相同。注意抓住苗期、初花期和成熟期去杂去劣。

⑧收获贮藏　油菜是无限结角，花期长，角果成熟不一致的作物。一般在终花后 25～30 d，主茎角果呈现黄白色，分枝角果尚有 1/3 仍为绿色时收获最为适宜。油菜种子在贮藏中要保持低温干燥，种子含水量要在 9%以下，当贮藏种子因发热温度升高达 50～55℃时，种子就会霉变丧失发芽能力。

(2)利用自交不亲和系生产杂交种

①自交不亲和系的繁殖　在开花前 2～5 d 进行人工剥蕾自交，将花蕾剥开后，必须立即摘取本株新开放的花朵进行授粉自交，授粉时，花粉要授到剥开花朵的柱头上，然后套袋、挂牌标记。剥蕾授粉要在 10～30℃的气温条件下进行，否则授粉结实率很低甚至完全无效。

②自交不亲和系杂交制种技术

以自交不亲和系为母本，恢复系为父本，父母本行比 1∶1 或 1∶2 种植。生产流程见图 2-20。

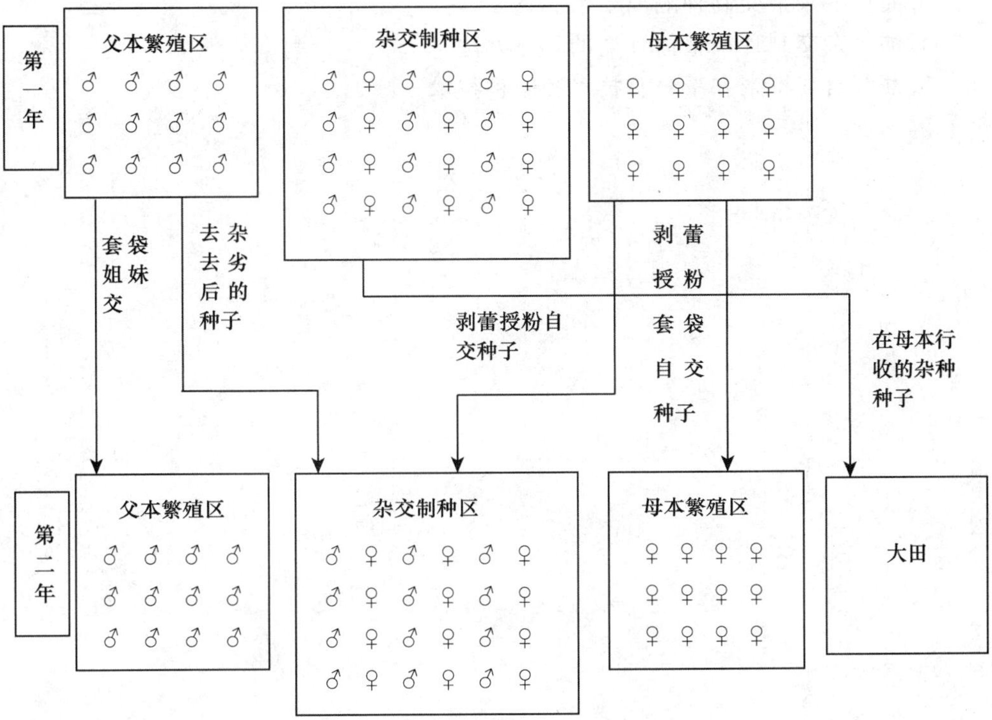

图 2-20　油菜自交不亲和系繁殖和制种程序示意图(♀指母本;♂指父本)

三、学习拓展

油菜的感温性品种类型:冬性型、半冬性型、春性型。

(1)冬性型　这种类型的品种对低温要求严格,通过春化阶段要求 0～5℃的低温,经过 20～40 d 以上才能进入生殖生长。

(2)半冬性型　这种类型的品种要求一定的低温条件但不严格,通过春化阶段的温度要求为 5～15℃,时间为 20～30 d 即可完成春化阶段的发育。

(3)春性型　这种类型的品种可以在较高温度下完成感温阶段的发育。一般 15～20℃条件下,经过 15～20 d 甚至更短时间即可完成春化阶段的发育。

四、讨论与巩固

1. 油菜繁殖方式与品种防杂保纯的措施。

2. 油菜“二圃制”生产原种的基本程序和方法步骤。

3. 简述油菜杂交制种隔离要求。

4. 油菜杂交制种调整播种期的具体办法。

5. 油菜自交不亲和系繁殖技术和制种技术。

项目三　蔬菜作物种子生产

【学习目标】

1. 知道蔬菜种子生产的体系；
2. 熟悉各蔬菜的花器构造、开花习性；
3. 学会各蔬菜的常规种生产技术；
4. 学会各蔬菜的杂交种生产技术；
5. 对种子生产中的一些突发事件，能提出针对性的应对措施。

【工作任务描述】

本项目分为番茄种子生产，甘蓝种子生产，黄瓜种子生产，甜菜种子生产，蔬菜类种苗工厂化生产5个任务。通过本项目任务的操作与学习，能让学员几类蔬菜花器构造和开花习性。掌握各蔬菜常规制种和杂交制种的程序，提高学员的学习兴趣，培养学员联系实际、勇于实践、开拓创新的职业素质。

【思维导图】

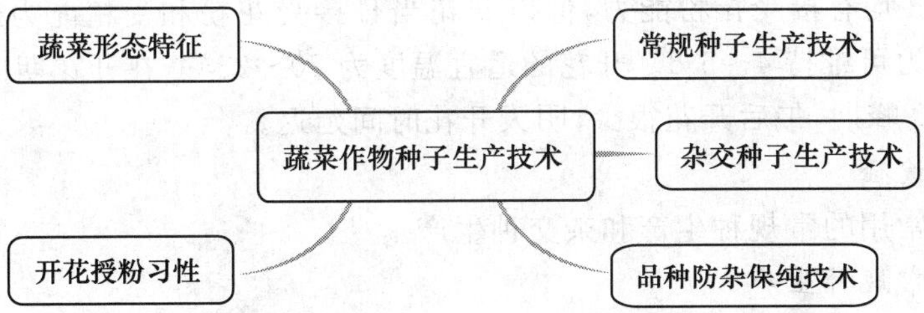

任务一 番茄种子生产

一、学习准备

(一)知识准备

1. 番茄花器构造与开花结实习性

(1)花器构造　番茄为总状花序或复总状花序。每个花序上有6～10朵小花,多的可达20～30朵。完全花,由花梗、萼片、花冠、雄蕊及雌蕊组成(图3-1)。

图3-1　番茄花

(2)开花结实习性　番茄生产上栽培的有无限生长型和有限生长型两类。

①无限生长型品种。当植株7～13片叶时,主轴顶芽形成花序,其下侧芽代替主轴继续延伸,长出2～3片叶子后,顶芽又形成花序,其下侧芽继续生长,依此类推,多为中晚熟种。

②有限生长型品种。当主茎长出6～8叶时长出第一个花序,然后每隔1～2片叶再着生一个花序,当主茎上形成2～4个花序时,顶端不再生长,即为封顶现象。这类品种植株矮小,多为早熟品种。

番茄开花顺序是基部的花先开,依次向花序上部开放。柱头从开花前1～2 d至开花后1 d均有接受花粉能力,但以开花当日接受花粉和受精能力最强。番茄花粉的生活力可维持4～5 d。开花的适宜温度为20～25℃,在开花期内,上午4～8时为开花高峰期,午后开花很少,阴天开花时间延迟。

2. 育种途径

生产上常用的常规种生产和杂交种生产。

3. 番茄常规种生产

(1)三圃法　对于整齐度差、混杂退化比较严重的品种可采用此法进行提纯。

选择单株　在采种田或生产田中于初果期、盛果期及收获时,选择具有本品种典型性状的优良单株分别标记,淘汰表现不良的以及感病的植株,将中选的单株分别采种和编号。

株行鉴定　中选株的种子下年分别种成株行，在生育期间进行观察各株行性状的典型性与整齐度，从中选出具有本品种典型特征特性的、整齐度好的株行，按株行采收种子并编号。

株系比较　将上一年中选株行的种子分别种成小区，即为株系圃，经过对比观察后，从中选出具有本品种典型性状、丰产性好、适应性强、株系内整齐一致的优良单株。各个中选株系的种子可以单株采收也可以混合采收。

混系繁殖　将上年入选种子播于原种圃内，原种圃要求安全隔离。经过严格去杂去劣后，所收种子即为原种。

(2)两圃法　当品种混杂比较轻，纯度较高时，可采用此法。方法是，在留种田内，于第一个果实采收前，选择较多的具有本品种典型性状的优良单株挂牌标记。收获时严格淘汰果实性状表现不良的植株，将所选的植株的优良果实混合采收即为原种。

(3)番茄常规品种良种生产

①隔离　番茄虽然是自花授粉作物，但仍有 2%～4%的天然异交率。为了保证种子纯度，也应考虑隔离问题。良种生产，隔离距离在 50 m 以上。

②培育适龄壮苗

种子处理　用 55℃热水烫种，10 min 后捞出种子，用 10%磷酸三钠浸泡 30 min，再用清水浸泡 4 h 左右，然后放入 100 倍福尔马林溶液中浸泡 15 min，消毒完成后，用清水反复清洗，用纱布包好捞出种子。

催芽　将处理好的种子置于 25～27℃恒温下，催芽至露白。

培育壮苗　将催芽后的种子混入适量细沙，均匀散播于苗床，覆土 0.5 m 厚并加盖其他覆盖物，出苗后要注意通风和光照。

分苗　当苗龄 50～60 d、幼苗达 2～3 片真叶时，如果密度过大，应进行分苗，用阳畦或小拱棚或大棚。

③定植　在无保护条件下，当地晚霜过后，地温稳定在 10℃以上时便可定植。北方地区多畦栽，每畦两行，行距 45～50 cm，株距 35 cm，定植深度以子叶与地面相平为宜。

④采种田管理　定植 1 周后，灌一次小水并及时中耕，促进新根形成和生长。在第一个果实坐果后，追施三料复合肥 450 kg/hm^2，并灌水及中耕，保持土壤见干见湿。采取一系列植株调整措施，如搭架、绑蔓、整枝、打杈、摘叶、疏花疏果等。此外，应及时防治病虫害。

⑤种果采收及处理　当种子达到生理成熟后可以采收种果，早熟品种在开花后 45～50 d；中晚熟品种约在开花后 56～60 d。应选择生长健壮、无病害或病害较

轻的植株留种。以第二三节上的果为好。种果采收后，放置待后熟 1～2 d 再取种。

(二)仪器设备准备

镊子、纸袋、毛笔、采粉器、大头针、记录笔，试验田等。

二、项目设计与实施

(一)项目任务设计

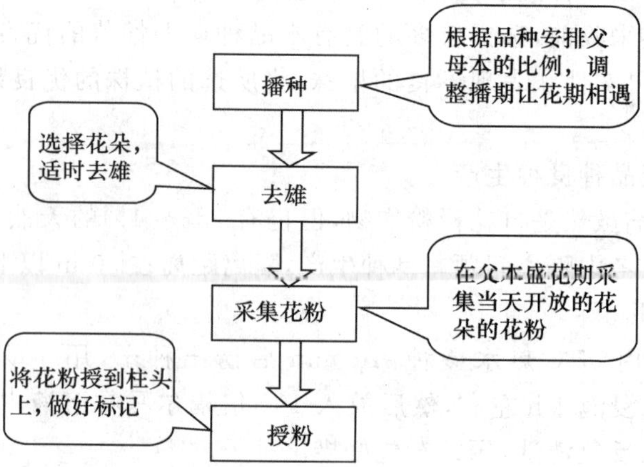

(二)项目任务实施

1.分组安排

根据调查区实际情况和人员数量进行分组。

2.番茄杂交种生产

番茄杂交种子的生产多采用人工杂交制种。在隔离、育苗、田间管理和采种技术等方面与常规品种良种生产的要求基本相同，但应注意以下几个技术环节。

(1)父母本种植比例与花期调整

①父母本比例　番茄杂交制种父、母本的行比因品种而异。如果父本是有限生长类型的品种，父母本比例应为 1∶(4～5)；如果父本是无限生长类型的品种，则应为 1∶(7～8)。保证父本花粉够用为宜。

②播期调节　原则上以父本比母本开花早 5 d 为宜，这样便于采集花粉。如果父本、母本花期基本一致，则可同期播种育苗，或将父本提前几天播种育苗；如果双亲始花期有明显的差异，则可通过调整育苗期、控制温度条件、肥水促进或控制

等办法，促成双亲花期相遇。

(2)适时去雄 一般选用第二三花序基部的4～5朵花进行去雄。具体方法是，先将花序上已开的花和先端发育不好的小花蕾从基部剪掉，然后用左手的拇指和食指轻轻夹住花的基部，右手持镊子拨开花瓣，露出花药筒，把镊子从花药筒基部的浅沟插入，把花药筒撑开，镊尖夹住花药将其雄蕊全部摘除，或连同花瓣一起剥掉。要注意千万不能碰伤子房或折断柱头，同时还要把花药全部摘净。如果不小心将花药夹破，则此朵花必须全部摘除。在一个隔离区内只有一个杂交组合时，不必套袋；如果同一隔离区内亲本较多或试配较多组合时，则去雄后必须套袋隔离。

(3)采粉与授粉

①花粉采集 去掉雄的花蕾经过1～ d即可成熟，此时授粉结实率最高。采集花粉时，应从父本行中生长正常的植株上采集花粉，采集时父本应处在盛花期，而且以当天开放的花朵为最好。所采集到的花粉最好当天用完。

②授粉 以左手拇指和食指持花，右手持授粉器(如橡皮头，玻璃授粉器等)将花粉授于柱头上。大量杂交制种时，可将花粉装入带有胶囊的玻璃滴管内，滴管的尖端对准柱头，手压胶囊使花粉喷落在柱头上。授粉后应做好标记，即去掉1个萼片就行。授粉工作全部结束后，应对制种株进行2～3次检查，及时摘除多余的或新萌发的侧枝及未去雄的花朵或幼果。

三、学习拓展

(一)提高番茄杂交种子生产的质量和数量，应注意的问题：

(1)杂交亲本的配比母本∶父本＝(4～5)∶1为宜，为便于去雄授粉，母本株要进行整枝。整枝方法多为“多干整枝法”。父本一般不整枝。

(2)为使父母本花期相遇，父本一般比母本早育苗20～30 d。

(3)母本花去雄要在花药变黄以前进行，一般在去雄后25～36 d授粉。授粉时要授充足的花粉于柱头上，若授粉后8 h内遇雨应进行重复授粉。

(4)人工授粉后的花应立刻去掉两个萼片做标记。

(5)杂交果成熟后即采收种子，杂交果不用乙烯利一类的化学物质催熟。

(6)杂交果的种子取出后，在容器内发酵18～20 h，再用清水清洗干净，然后用稀盐酸液(1.5%)中浸几分钟。如果种子少，可用5%盐酸液或果胶酶处理种子，以替代发酵。

(二)番茄品种的防杂保纯技术

(1)建立留种田 选择条件适宜的地区和田块，建立专门的番茄留种田，使留种和大田的生产相区分。留种田建立后，应选拔责任心强、技术熟练的人员，进行专人、专职管理。

(2)坚持进行连续的选择　选择的方法不论是“单株选择”还是“混合选择”，都要强调“株选”。对于繁殖原种的一级种子田，特别是为了进行提纯复壮以获得超级原种(原原种)时，应该进行单株选择，当选单株分别编号，分别采种和播种。

对于繁殖生产用良种的二级种子田，可以在片选和株选的基础上，将优良单株的优良果实进行混合采种。在采果、采种、清选和种子晾晒储藏过程中，都要严格遵守操作规程，防止机械混杂。

四、讨论与巩固

1. 番茄花器构造以及开花习性。
2. 番茄常规育种的过程。
3. 番茄杂交育种时如何采集花粉？
4. 番茄如何授粉？
5. 番茄的防杂保纯措施。

任务二　甘蓝种子生产

一、学习准备

(一)知识准备

1. 甘蓝花器构造与开花结实习性

(1)结球甘蓝花器构造　结球甘蓝复总状花序，花为完全花，有 4 片花萼，呈绿色；花冠黄色或金黄色，有 4 个花瓣，呈“十”字形排列；6 个雄蕊位于花冠内侧，为四强雄蕊；雌蕊一个，两心皮，内生 26～30 个胚珠(图 3-2)。

(2)结球甘蓝开花结实习性　开花顺序是先主薹、后一级分枝、再二级分枝、三级分枝，所有花序上的花朵均由基部向末端依次开放。一个花序上每天开2～5 朵花，多数在上午 11 时左右开放。结球甘蓝花粉和柱头的生活力均以开花当日最强，柱头开花前 6 d 至开花后 2～3 d 均有接受花粉能力；花粉在开花前 2 d 至开花后 1 d 都有生活力。

图 3-2　甘蓝花

2. 育种途径

生产上常用的常规种生产和杂交种生产。

3. 甘蓝常规种生产

(1)结球甘蓝常规品种原种生产　结球甘蓝为异花授粉作物，对于混杂退化的品种多采用母系选择法进行提纯。在莲座期和结球期分期选择和标记具有本品种典型性状的、外叶较少、叶球大而紧实的优良单株，并在收获前复选一次，将中选叶球连根挖出栽到留种田或阳畦假植。春季再定植于采种田，在隔离条件下自然授粉，种子成熟后分株采种编号。秋季分株系播种定植建立母系圃，分期选择母系内和母系间均表现整齐一致的且商品性优良的母系数个，把选种的母系挖出后分系定植或假植后定植于采种田，在隔离条件下让母系间或母系内自然授粉，种子成熟后混合采收即为原种。

(2)结球甘蓝常规品种良种生产

①秋季成株采种法　秋天播种并使其长成叶球，选择优良种株留种，直接定植或假植或贮藏越冬后定植，可以带球定植，然后于春季把叶球顶端用刀切成"十"字形，使其抽薹开花；也可以先切掉叶球的外部或外叶，只留叶球的中心部分定植；还可以将叶球全部砍掉，留下根部或莲座叶丛，让侧芽开花抽薹采种。

②秋季半成株采种法　将欲繁殖的品种在秋季适当晚播，冬前长成半包心的松散叶球越冬，第二年春季采种。

(二)仪器设备准备

育种试验田、锄头、卷尺、记录笔、铁铲、刀、肥料等。

二、项目设计与实施

(一)项目任务设计

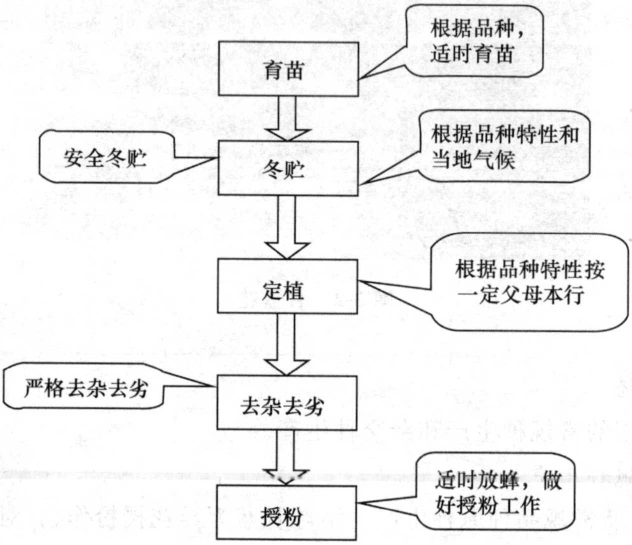

(二)项目任务实施

1.分组安排

根据种子田的实际情况和人员数量进行分组。

2.甘蓝杂交种生产

(1)自交不亲和系亲本原种繁殖技术　同其常规原种、良种的生产，采用与大白菜相同的蕾期授粉的方法进行。

(2)杂交种子生产技术　一般采用半成株法。在用中熟或中晚熟品种自交不亲和系进行制种时，于7月下旬至8月上旬播种育苗；早熟或中早熟品种自交不亲和系制种时，可于8月上旬播种育苗。田间管理与甘蓝的一般留种田相同，经冬贮后，下年春定植、采种。露地定植时间为3月中旬，父母本行比一般按1∶1的比例隔行栽植。双亲长势差异较大的组合，可采取2∶2隔双行栽植。父母本相间种植，定植密度6.0万～9.0万株/hm^2。若父本、母本花期不遇，可采取摘心措施调节花期。如果双亲的花期相差7～10 d，可将早开花的亲本的主茎和一级侧枝的顶端掐掉，以促进二三级分枝的发育，使其花期相遇。如果末期花不一致时，可将花期长的亲本的花枝末梢打掉。此外还应做好去杂去劣、适时切包、放蜂授粉及防止倒伏等工作。

三、学习拓展

(一)留种田栽培管理上注意事项

①应根据品种的生育期决定播种期,晚熟品种稍提前播种,早熟品种稍延后播种,要求在气温降到5～10℃时完成叶球生长。早熟品种如播种过早则生长后期叶秋易炸裂,不易储存过冬。晚熟品种播种过晚则有时严寒来临而叶球尚未包好,不便选择。

②应选择有利于发挥种性的地区和栽培措施。

(二)甘蓝品种的防杂保纯技术

1.亲本的保持与繁殖

亲本系的保持与原种生产一样,必须设置专门的留种田。留种田必须与甘蓝类作物严格隔离,隔离距离在1 000 m以上。亲本的采种方法通常用“小株采种法”和“成株采种法”两种。

对于自交不亲和系,要特别重视蕾期授粉这一环节:一是严格隔离;二是选择好适龄蕾,一般在开花前2～4 d的蕾授粉结实最好;三是要采用适龄的花粉,通常采用开花当天或开花1 d左右的花粉受精结实率最高;四是要避免碰伤花柄或柱头,最好采用蜂棒授粉结合使用剥蕾器,这样可大大提高授粉效率。另外,亲本的繁殖过程中还要特别注意种株的多次严格选择,要在第一年的苗期、莲座期、包心期都对各亲本系进行严格的去杂去劣;在第二年抽薹开花期,还要针对种株的特性再次进行选择,淘汰非典型植株,以确保亲本种子的遗传纯度。

2.杂一代制种

配制杂一代生产用种,方法亲本系的不同而不同。当父本、母本一个为自交不亲和系(母本),另一个为自交系(父本)时,则只能从母本上收获子一代种子。

配制甘蓝杂一代种子,也要严格隔离,与甘蓝类作物的采种田相距1 000 m以上。制种的方式,则可采取露天地制种、保护地制种以及露地——保护地制种等多种形式。

四、讨论与巩固

1.甘蓝的花器构造。

2.甘蓝的开花习性。

3.甘蓝的常规育种技术。

4.甘蓝的杂交育种技术。

任务三 黄瓜种子生产

一、学习准备

(一)知识准备

1.黄瓜花器构造与开花结实习性

(1)花器构造 黄瓜的花有雌雄之别,且雌、雄花均为单性花,偶尔也有两性花出现。花冠钟形,5裂,黄色。雌蕊子房下位,3室(有的4～5室)。侧膜胎座,短花柱,柱头3裂。5个雄蕊连成筒状(图3-3)。

图3-3 黄瓜花

(2)开花结实习性 黄瓜开花适宜温度为18～21℃,开花顺序从上向下。每朵花从现蕾到开花需5～6 d,雌蕊开花当日上午受精能力最强,下午则显著下降,一般可维持2～4 d。花粉的寿命只有4～5 h。在授粉后4～5 h即完成受精,而后果实开始膨大。

2.育种途径

生产上常用的常规种生产和杂交种生产。

3.黄瓜常规种生产

(1)黄瓜常规品种原种生产技术 如果是非保护地栽培(露地),则原种和良种生产均要求隔离距离在1 000 m以上。如果是保护地栽培(大棚)则采用网棚隔离。原种生产采用“三圃制”法,具体做法如下:

①选择单株及人工授粉 在留种田或纯度高的大田,从苗期开始进行观察比较,在根瓜(第一个瓜)坐瓜后,选择具有本品种典型性状、坐瓜节位低、瓜码较密、长势良好的若干优良单株挂牌标记;到第二或第三雌花开花时,先将初选株上的雄花摘下,拿到干燥的室内约1 h,即可用毛笔蘸取数朵雄花的混合花粉,授在初选花的柱头上,第二天上午再重新授粉一次并挂牌标记,注明授粉日期和株号。待瓜长到商品成熟时进行一次复选,淘汰典型性差、瓜条性状不好及感病的植株。留下的优良株待瓜老熟后分别摘下,略经后熟即可分株取出种子。

②株行圃　到下一个栽培季节，将上年所选各株的种子分别播种成一行或几行，即为株行圃。当根瓜开花时，对各株行进行观察比较，从中选出具有本品种特征特性、丰产性和抗病性好、株行内性状表现一致的株行。当第二或第三朵雌花开花的当天上午7～8时，将当选的各株行的雄花采下，放在室内略加干燥后，用干净的毛笔分别蘸取各株行雄花的混合花粉进行授粉，第二天再重复授粉一次，授粉后的雌花挂牌标记。当授过粉的瓜长到商品成熟时，淘汰个别瓜条性状不好的或坐瓜率低的或感病的植株。对复选后当选的植株，待授过粉的瓜老熟后，各株行的种瓜分别采种。

③株系圃　到下一个栽培季节，将上年各个株行种子分别种成一个小区，即为株系圃。从苗期开始，仔细观察各株系的性状表现，从中选择具有本品种特征特性的、坐瓜节位低、瓜码较密、抗病、系内整齐度好的优良株系做好标记。当第二朵花或第三朵雌花开花的当天上午，采集各株的雄花对雌花进行授粉后加以标记。当到商品成熟后，淘汰个别表现不好的植株，待老熟后混合采种。

④原种圃　将上年混合采收的种子种到原种圃，在隔离条件下生产原种。

(2)黄瓜常规品种良种生产　培育壮苗。在早春用阳畦育苗，播前用55℃热水烫种10 min，再用30℃温水浸泡5～6 h，让种子吸足水分。采用5 cm×5 cm的营养土块育苗，播于土块中心，上覆土2 cm左右。出土后，适当放风降温，白天保持在25～39℃，夜间保持在15～18℃。当土块干燥时，可喷小水。早熟栽培苗龄35～40 d，定植前1周进行炼苗，晚上不再覆盖。

①定植　采种田一要隔离，距离500 m以上；定植密度，在北方平畦栽培条件下，密度指标为每公顷4.5万～6.0万株。

②采种田管理　从定植到缓苗需5～7 d。生长前期应少浇水，后期结合追肥灌水，在生长旺期每5～7 d灌水一次。前期追长效肥如饼肥，中后期追速效肥。在主蔓30 cm时搭架，及时绑蔓。采种田一般不留根瓜，要及时去掉。瓜型大的每株留瓜2～3个，瓜型小的每株留瓜3～5个。此外，应及时防治枯萎病和炭疽病。

③去杂授粉　从苗期开始进行去杂去劣，尤其是第一雌花坐瓜前后，进行一次严格检查，及时去除杂株。在温度较低或昆虫少的季节，应进行人工辅助授粉。

④采瓜留种　达到生理成熟时及时采瓜，把采摘的种瓜置于防雨条件下后熟5～7 d。然后用刀剖瓜为两半，将种子连同瓜瓤一起掏出，放入缸内发酵，注意不能用金属容器。

4.黄瓜杂交制种技术

(1)人工杂交制种

①种植方式　隔离距离1 000 m以上，两个亲本隔畦间作。父、母本比例1∶

(3～5)。如果两者熟期有较大差异,应分期播种加以调节。

②去雄授粉　开花期选母本植株上次日开放的饱满雌花蕾挂牌标记。摘除母本株上全部雄花及花蕾和已开放的雌花。每1～2 d去一次,同时拔除父母本行中杂株。在隔离区内任其自由授粉。也可人工辅助授粉,方法同常规品种种子生产。

③疏花疏果及管理　母株上每株留瓜2～3个为宜,其余的瓜应去掉。生长期间要做好追肥、灌水及防治病虫害工作。

④收获　母株上的种瓜老熟后即可收获,所得种子即为杂交种子。

(2)利用雌性系杂交制种

①雌性系的繁殖　当幼苗二叶一心时,用0.2%～0.4%的赤霉素喷叶面和生长点,每隔5～7 d喷一次。一般经过处理的植株与未经过处理的植株以1∶3的比例栽植。为使花期相遇,准备处理的植株应提前10～15 d播种。

②杂交制种　父母本按1∶(2～3)配置,母本雌性系在开花前拔除带雄花蕾的及弱小的植株。在隔离区令父母本自然授粉或进行辅助授粉。母株上留瓜2～3个,其余的全部摘除。老熟后所收种子即为杂交种种子。

(二)仪器设备准备

播种用具:锄头、铁锹、铁耙、拉线绳、肥料桶、水桶等。

二、项目设计与实施

(一)项目任务设计

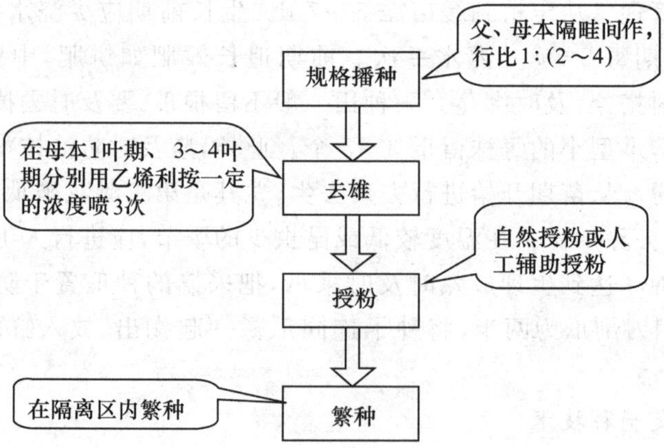

(二)项目任务实施

1. 分组安排

根据种子田的实际情况和人员数量进行分组。

2. 化学杀雄制种。

(1)规格播种　父母本行比1∶(2～4)。

(2)化学杀雄　母本一叶期喷250 mg/kg乙烯利溶液,3～4叶期喷第2次(150 mg/kg),隔4～5 d后喷第3次(100 mg/kg)。

(3)授粉　定植制种田后,一般母本20节以下基本发生雌花,但在开花初期需要检查摘除雄花,任自然授粉或人工辅助授粉。

(4)母本另设隔离区繁种,父本可在制种田选株束花人工自交繁种。

三、学习拓展

(一)黄瓜其他性状的选育

1. 早熟性选育

第一朵雌花节位的高低是早熟性鉴定的指标。早熟性选育主要是采用品种内挑选早熟株继续自交授粉,多代定向淘汰的方法,或采用品种间杂交,在杂交后代中继续自交,多代定向淘汰的方法。

2. 丰产性选育

丰产指的是产量高、收获多。一般来说,黄瓜的单株产量主要决定于结瓜条数的多少,瓜身的长短粗细,瓜肉的厚薄,抗病性的高低等。

3. 品质选育

品质是多方面的,有食用品质、加工品质、营养品质等。

(二)黄瓜品种的防杂保纯技术

黄瓜是一个异花授粉的虫媒作物。繁育良种需要隔离,隔离的远近又要看地形地势而定。地区隔离越远,自然杂交率越低。建筑物、村庄以及山林等也可以起到一定的隔离作用。一般繁殖原种隔离1 000 m,繁殖生产用种隔离200～500 m。一年中不同季节有不同的气候。春季品种应在春季繁殖留种,夏季品种应在夏季繁殖留种,使各自保持及加强对该季节气候的适应性。还要熟悉每一个被繁育的品种的典型性状以及黄瓜性状的显隐遗传规律,以便及时拔除杂株。

四、讨论与巩固

1. 黄瓜的花器构造。

2.黄瓜的开花习性。

3.黄瓜的常规育种技术。

4.黄瓜的杂交育种技术。

5.黄瓜品种的防杂保纯技术。

任务四 甜菜种子生产

一、学习准备

(一)知识准备

1.甜菜花器构造与开花结实习性

(1)甜菜的花器构造　甜菜的花是不完全花,两性花,着生在花枝苞叶的叶腋处,多粒种甜菜常为3～5花(多的可达7～10朵花)组成花簇,着生在一起,花簇中心的花,称为主花,侧旁的花称为副花,单粒种甜菜,每一个苞叶的叶腋处只着生一朵花,甜菜花是5裂型花,由花萼、雄蕊、雌蕊组成,无花瓣,花被简单,成花萼状,5片,绿色,着生在子房基部,为宿存萼;雄蕊,由花丝和花药组成,花药两裂,着生在花丝上,与花萼对生,雌蕊由柱头、花柱和子房组成,柱头3裂,有时2裂,子房中位一室(图3-4)。

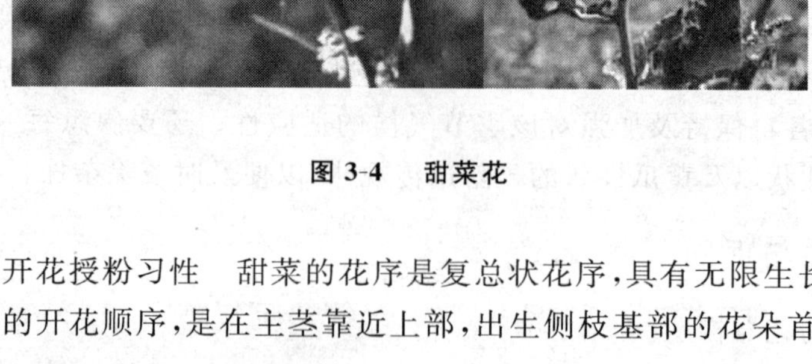

图3-4　甜菜花

(2)甜菜开花授粉习性　甜菜的花序是复总状花序,具有无限生长和开花的习性,整个种株的开花顺序,是在主茎靠近上部,出生侧枝基部的花朵首先开放5～7

朵花，经过 22～24 h 以后，开始有侧枝开花，侧枝距主枝近的花朵先开，整个采种株的开花顺序是由中心向四周扩展，侧枝的开花顺序是上部的侧枝首先开放，依次而下的侧枝开花，每个侧枝靠近主茎的先开，然后依次距主茎较远的花朵开花，在每个花簇内，主花先开，间隔 20 h 以上，第一副花开花，再经 5～15 h，第二副花开花。6～9 时开花最多。

2. 育种途径

甜菜育种的方法有常规育种，包括混合选种法、集团选种法、系统选种法，杂交育种，包括品种内杂交、品种间杂交、远缘杂交。

3. 甜菜常规种生产

育种方法有混合选择法、集团选择法、系统选择法 3 种。

(1)混合选种法　混合选种是甜菜育种中最简易的一种方法，这是改良地方品种，提高良种的生物、经济性状所常用的行之有效的方法。混合选择法根据在品种群体中变异是普遍的，个体间的差异比较大，通过选优去劣，淘汰不适应当地生产条件的变异株，是有益的优良性状得到巩固和提高。方法如下：

第一年：在引种试验的基础上，把适应于当地条件的优良品种在母根培育区，母根收获前淘汰病株，母根收获时淘汰劣株，多头母根，选择四周不缺株的母根，其他母根可以作为生产用种母根。入选的优良母根，冬季进行单株检糖，根据检糖结果选出少量(一般 1%，不超过 3%)的母根作为原原种母根；选取 10%～15%的母根作为超级原种母根；再选出 25%～30%的母根，作为原种母根，入选的母根分别贮藏保管。

第二年：将上年入选的母根分别栽植在空间隔 300～500 m 的不同采种地块，进行空间隔离采种。种子成熟时，及时收获种子，按采种地块分别混合收获种子；原种种子可以在当年拿出一部分培育夏播母根。

第三年：按不同级别的种子分别处理。原原种种子播种培育母根，生育期内进行选择，获得第二次选择的优良母根，方法同第一年，进行比较试验，鉴定选择效果。用超级原种种子播种培育原种母根，进行田间选择，冬季单株检糖，按约 50%的比例选择母根。用原种种子播种培育生产用种母根。用上年培育的夏播母根，采收生产用种种子。

第四年：繁殖种子，做法基本同第一年。

(2)集团选种法　集团选种法是混合选种法的另一种形式，它是利用原始群体中不同类型之间的差异，在原始群体中通过选择，把不同类型的母根分开，分别作为一个集团进行培育，改良原品种种性。

第一年：播种已确定的原始材料，培育原始群体母根，按育种目标要求进行田间选择，母根收获后，进行单株检糖，将入选母根按性状的类型，分为若干个集团，分别保管。

第二年：按集团分别进行空间隔离采种，分别收获种子，分别保管。

第三年：进行比较试验，比较不同集团的生产力，按集团分别培育母根，进行第二次选择，这一次选择不同于第一次选择。这一次主要是选择具有本集团特点的个体，以加强本集团的优良性状。

第四年：进行比较试验，按集团分别培育母根，根据两年的实验结果，确定优良集团，收获优良集团的母根；冬季进行单株检糖，在优良集团中选择出原原种母根、超级原种母根和原种母根，分别保管。

第五年：将入选的母根按集团、级别分别进行空间隔离采种，种子分别收获，分别保管，取一部分原种种子播种，培育夏播母根。

第六年：进行品系比较试验，培育各级母根，用上年培育的夏播母根，采收生产用种种子。

第七年：繁殖各级种子，进行品种比较试验。

(3)系统选种法　系统选中法也称单株系统选种法(简称单株选)，选择单株的方法是甜菜育种上所经常采用的一种方法。甜菜个体间差异比较大，经多次单株选择，可以分离出合乎要求的优良单株后代，淘汰隐性的不良性状。其特点是可以比较系统地研究单株后代的遗传性状。

①母系选种法　母系选种法是一种改良的集团选种法。具体做法和集团选种法相似，所不同的是按单株编号，种子成熟时单株收获种子，第三年按单株号码进行比较试验，初步选出优良单株系号，并按单株系号培育母根，在优良系号的母根中再继续进行选择。

②强制自交法　根据育种材料的性质，可以采用一次或多次单株自交的方法。将选择的优良母根于在春栽植在自交圃内，行距 2 m，加强管理，促进种株发育。临近开花时套双层的纱布罩，开花期进行 2～3 次的人工辅助授粉，开花终期去掉纱布罩。去罩时，应特别注意仔细检查，将没有开花的花枝、花朵去掉，避免去罩后与外来的花粉授粉，并及时打水杈。种子成熟时按单株编号，收种子时应仔细检查，将去罩后的水杈上结的种子全部剪掉，种子要单收。

4. 甜菜杂交制种技术

(1)自然杂交法　是在自然条件下亲本间的相互授粉

①配置单交组合　父母本的比例按 20∶5 的比例栽植，加强对母本的植株的管理，及时整枝，使开花期尽可能集中。开花结束后，拔除父本植株，加强管理，及时打水杈，种子成熟时及时收获母本植株的种子。

②配置正、反交组合　父、母本比例是1∶1，相间种植，父、母本各以30～50株为宜，分别收获种子，互为父、母本。

（2）人工去雄自然授粉　把母根栽到隔离区内，开花前把母本株整枝。选择一定数量的花枝进行人工去雄30朵左右为宜，不用套袋，开花时由周围父本株自由授粉。开花结束后，拔除父本植株，加强母本株管理，种子成熟时，收获母本株的种子，按组合保存。

（二）仪器设备准备

小凳子3～5个，杂交箱24个，每个杂交箱内装以下用具：酒精（70%）1瓶（100～150 mL），毛笔20～30只，（授粉用）小剪刀3～5把，小镊子（直头）3～5把，培养皿（直径50 mm），10～20个，硫酸纸袋（40 mm×200 mm）若干个，脱脂棉1包，白轴线一轴。铅笔2支，标签若干个。登记表若干张。

二、项目设计与实施

（一）项目任务设计

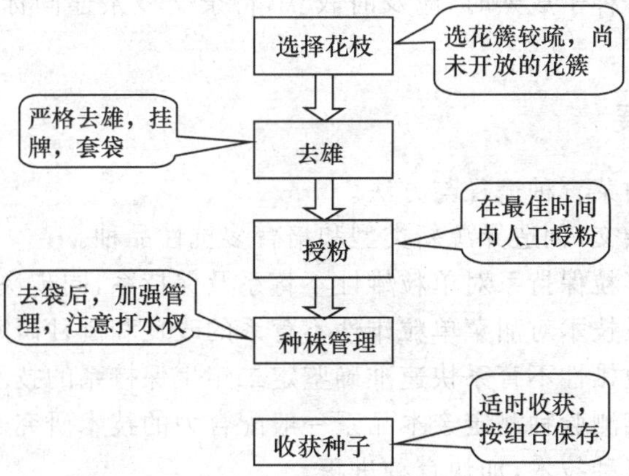

（二）项目任务实施

1.分组安排　根据种子田的实际情况和人员数量进行分组。

2.人工杂交法

①花枝的选择与修整　选择花簇较疏，花多大，生长健壮的花枝，将已开的花剪去，选取8～12个尚未开花的花簇，仔细剪去副花，不要损伤主花，顶端多余的花簇减掉。保留一段约1.5 cm长的空枝。

②去雄　将修整过的花枝基部用脱脂棉包好，用左手拇指和无名指捏住花枝，

用中指和食指夹住花枝顶端的空枝，右手用小镊子轻轻拨开萼片，轻轻将花药取出，注意不要损伤柱头，同时不要弄破花药。拴上标签，套上硫酸纸袋，包上棉花，用线扎住，花枝的顶端应放在硫酸纸袋的 2/3 处。然后进行登记，并将用具消毒。

③授粉　采取花粉最好在 8 时以前，将取粉用的培养皿盖打开，轻轻弹动花枝收集花粉，或用小镊子摘取含苞待放花的花药，盛入培养皿中，标记品种名称，放入干燥器中保存备用。授粉应在开花后的第 2 天（即去雄后的第 3 天或第 4 天）进行，授粉最佳的时间是在 15 时以后。将硫酸纸袋打开，用毛笔蘸取花粉，在萼片上轻轻弹动一下即可，套上硫酸纸袋，扎住袋口，进行登记。第 1 次授粉后隔 1 d 进行第 2 次授粉。

④去袋　第 2 次授粉后的第 3 天即可将硫酸纸袋摘取，摘除时应十分注意检查花枝，剪除尚未开花和尚未受精的花（柱头新鲜，子房没膨大）检查标牌是否完整。

⑤种株管理　摘除硫酸纸袋后，应把授粉枝周围的侧枝、水杈等，多余的花枝剪掉，加强管理，经常打水杈。

⑥种子收获　种子成熟时，应及时收获，将杂交枝条连同标牌一起剪下来，按组合保存。

三、学习拓展

新时期拓宽甜菜育种途径与方法。

1. 利用远缘杂交，创造异源新类型和培育多抗性品种。
2. 利用甜菜多粒保持系对单粒雄性不育系及保持系，同步快速改良技术研究。
3. 利用二环系技术对甜菜单粒雄性不育系的改良和制种研究。
4. 利用一年生雄性不育系快速准确鉴定二年生保持系的技术研究。
5. 利用红甜菜测验种测定亲本品系一般配合力的技术研究。
6. 利用航天育种技术，加快育种进程。
7. 单倍体育种。
8. 体细胞无性系变异。
9. 利用原生质体培养与融合技术。
10. 利用基因工程手段育种，转入所需基因，提高育种效率。
11. 诱变育种。

四、讨论与巩固

1. 甜菜的花器构造。

2.甜菜的开花习性。

3.甜菜的常规育种技术。

4.甜菜的杂交育种技术。

5.甜菜品种的防杂保纯技术。

任务五　蔬菜类种苗工厂化生产

一、学习准备

(一)知识准备

1.种苗生产的现状及意义

(1)种苗生产的现状　我国是最早运用育苗技术的国家之一,规模化、集中化育苗已经成为我国种苗产业的发展主流和未来方向。但是,我国工厂化育苗的发展相对于其他一些国家来说,推广普及的速度还相对落后,还没有形成集约化、产业化和规模化。

(2)种苗生产的意义

①市场需求量大,应用前景广。

②产业带动能力强,产业化前景广阔。

③经济、社会和生态效益明显,符合农业产业化发展的大趋势。

④种苗质量好,苗齐苗壮。

⑤定植以后缓苗快,产量高。

⑥省工、省力、节能、成本低、效率高。

⑦适于远距离运输和机械化移栽。

⑧现代化的技术服务,利于新品种的迅速推广。

2.种苗工厂化生产

工厂化育苗又称快速育苗。是利用现代化育苗设施,人为控制催芽出苗、幼苗绿化、幼苗生长和秧苗锻炼等各阶段的环境条件,按规定流程育苗。

3.育苗设施

主要有催芽室、绿化室、大苗培养室,还有必要的电器设备(图 3-5、图 3-6)。

图 3-5 现代工厂化育苗室

图 3-6 现代工厂化育苗

(1)催芽室 主要用于种子催芽。催芽室具有良好的保温能力和加热设备、室内安装育苗架，每次可放数个育苗盘。

(2)绿化室 主要用于小苗见光绿化和锻炼，在绿化室内育成小苗，绿化室多为加温温室或日光温室。绿化室要有充足的光照和适宜的温度。

(3)大苗培养室 利用温室或大棚培养大苗。

(4)育苗盘 育苗盘长宽高分别为 60 cm×30 cm×6 cm，有 36、48、72、128、288 等各种规格。培育瓜类蔬菜幼苗，多选用 36 孔或 48 孔，培育番茄、茄子、辣椒幼苗多选用 72 孔，128 孔、288 孔多用于培养芹菜或无土栽培用苗(图 3-7)。

图 3-7 育苗盘

4. 基质

常用基质：

(1)有机基质 草炭、炭化稻壳、锯木屑等。

(2)无机基质 蛭石、珍珠岩、炉渣、砂。

5. 营养液

(1)简单配方 主要为蔬菜提供必需的大量元素和铁，微量元素则由水、基质来提供。四水硝酸钙 472.5 mg/L，硝酸钾 404.5 mg/L，七水硫酸镁 241.5 mg/L，磷酸二铵 76.5 mg/L，螯化铁 10 mg/L。

(2)精细配方 在上述简单配方的基础上，加如下微量元素，硼酸 1.43 mg/L，四水硫酸锰 1.07 mg/L，七水硫酸锌 0.11 mg/L，五水硫酸铜 0.04 mg/L，四水钼酸铵 0.01 mg/L。

6. 育苗基质配比

最理想的基质：草炭、珍珠岩、蛭石。

配比为草炭：珍珠岩(或蛭石)＝2：1(体积比)。

每立方育苗基质可加入腐熟、优质有机肥 50 kg,尿素 1 kg,磷酸二氢钾 1 kg,与基质成分拌匀。

(二)仪器设备准备

催芽室、绿化室、大苗培养室、必要的电气设备、育苗盘、培养基质、种子。

二、项目设计与实施

(一)项目任务设计

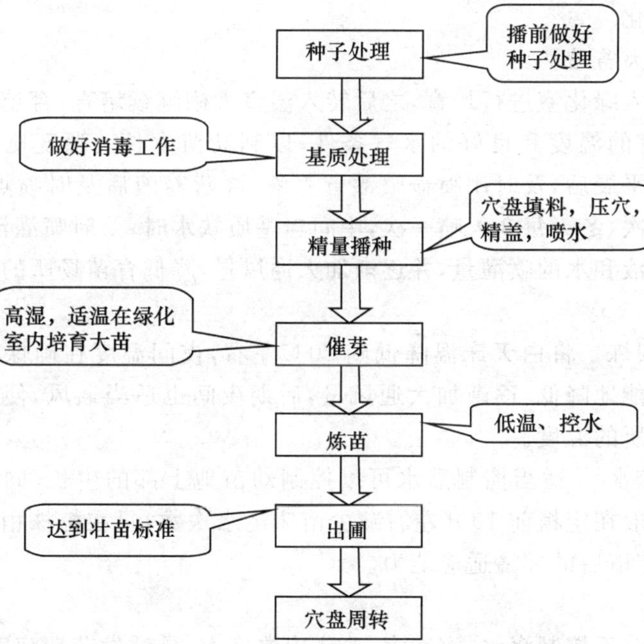

(二)项目任务实施

1.分组安排

根据蔬菜工厂化育苗情况和人员数量进行分组。

2.种子处理

种子播种前应适当精选、打破休眠、发芽测试、活力鉴定、种子消毒、催芽等,以提高育苗效率和幼苗质量。

3.基质装盘

基质装盘时应轻轻填充,然后刮去多余的基质,在基质装盘前的 30 min 一定要加水到基质中，保持基质含水量在50%～70%。装好后进行压穴，在穴孔中央形成一个凹陷的小坑，播种时将种子播入其中。精量播种机有专门的压穴机器完成。压穴的深度根据种子大小而定，一般为0.5～1.5 cm。

4.播种及覆盖

播种时，用专用的真空吸附式精量播种机或人工播种，每孔一粒种子，播种后，在种子上覆盖一层粗蛭石或珍珠岩，然后向穴盘内浇水，将基质浇透、浇好，一般穴盘底部少有水渗出为好。

5.催芽

浇水后将穴盘放入催芽室内，保持穴盘较高的湿度，出土时及时转移穴盘到育苗温室见光绿化。

6.绿化与大苗培养

将穴盘转入绿化室进行培育，之后转入温室大棚继续培育，育苗环境应保持较强的光照，适宜的温度和良好的水气条件，以利幼苗生长。温度比一般育苗降低2～3℃。子叶平展后，及时用喷壶喷灌营养液，浇营养液后及时喷点清水，一般夏季每2天喷一次，冬天每3天喷一次，中间当基质缺水时，及时喷灌清水。定植前，开始减少营养液和水的喷灌量，并逐渐加大通风量，降低育苗场所的温度。

7.炼苗

(1)低温锻炼　将白天床温降低到20℃左右，夜间温度在确保秧苗不受寒害的限度内尽可能地降低，逐渐加大通风量，后期夜间也适当通风，使育苗场所的温度接近栽培场所的温度。

(2)适当控水　适当控制灌水可以控制幼苗地上部的生长，同时增加土壤的通气程度。一般在定植前10 d左右减少苗床浇水次数，只在植株稍萎蔫时少量浇水，增强秧苗定植后的环境适应能力。

8.防病

工厂化育苗不控制浇水，密度大，苗床内湿度大，易诱发苗期病害，加强苗期的防病工作，除了对基质和种子消毒外，还要定期向苗床喷药防病。

三、讨论与巩固

1.蔬菜种苗生产的现状。

2.蔬菜种苗工厂化生产的意义。

3.蔬菜工厂化育苗设施。

4.蔬菜工厂化育苗常用基质包括哪些？

5.蔬菜工厂化育苗的营养液配方。

项目四　果树、花卉的繁殖技术

【学习目标】

1. 了解果树花卉的繁殖方法；

2. 学会果树花卉的种子采集、种子储藏、种子处理及播种管理等实生苗繁殖技术；

3. 熟练掌握芽接技术、枝接技术和扦插苗、压条苗、分株苗的繁育技术；

4. 能采取相应措施提高实生苗及营养苗的成活率。

【工作任务描述】

本项目有3个任务，分别是实生苗繁殖技术，嫁接繁殖技术以及扦插、压条分株繁殖技术，通过本项目的学习，每位学员能够根据实际情况准备并准确、熟练地使用操作工具；能够采取合适的繁殖方法，运用规范的操作技术进行相应的种苗繁殖；能采取相应管理措施提高实生苗及营养苗的成活率。在实践操作过程中培养学员吃苦耐劳、认真细致、规范操作的职业素养。

【思维导图】

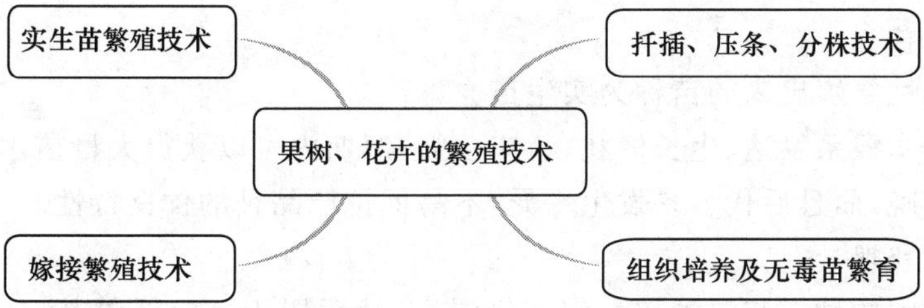

任务一　实生苗繁殖技术

一、学习准备

(一)知识准备

1. 果树花卉的繁殖方法

果树花卉繁殖依繁殖体的来源不同,可分为有性繁殖和无性繁殖两大类。有性繁殖就是用种子进行繁殖新植株的方法,也称种子繁殖(播种繁殖、实生苗繁殖)。无性繁殖是指利用植物的根、茎、叶等营养器官产生不定根繁殖新植株的方法。见图 4-1。

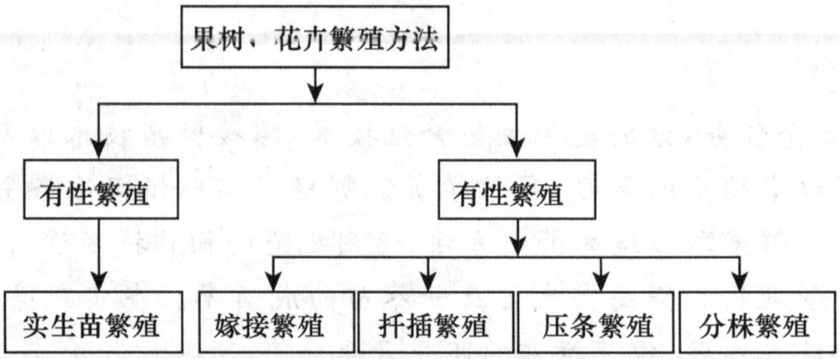

图 4-1　果树花卉的繁殖方法

2. 实生苗

通过有性繁殖出来的苗称为实生苗。

实生苗木根系发达、生长健壮,适应性强,短期内可以获得大量苗木,但实生苗开花结果较晚,而且后代容易发生变异,不易保持原品种的优良特性。

3. 层积处理

指将休眠的种子与湿沙按一定比例混合,然后置于一定低温及一定的通气条件下,经过一定时间来完成种子的后熟过程。

(二)仪器设备准备

(1)用具准备　采果用具、播种用具、贮藏设备、灌溉设备、测量用具等。

(2)物资准备　农药、地膜、有机肥、化肥、杀菌剂等。

(3)其他准备　干净河沙、玉米秆。

二、项目设计与实施

(一)项目任务设计

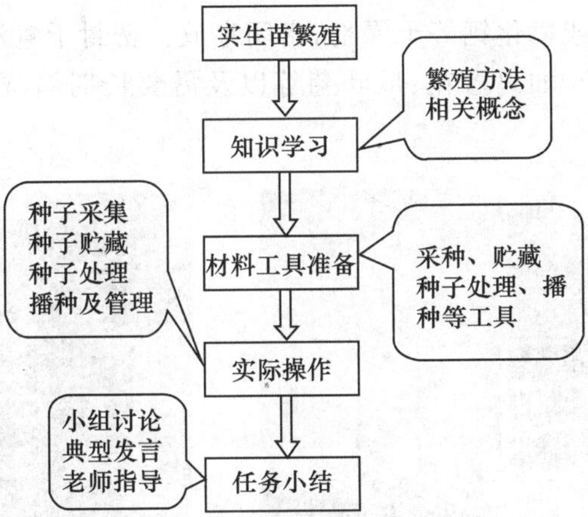

(二)项目任务实施

1.采集种子

(1)母株的选择　在始花期开始选择生长健壮、无病虫害优良母本树，根据种子成熟度,适时采收，选择优质果实,合理取种。

(2)种子脱粒、净种、分级、干燥

①脱粒　果实采摘后放入缸内或堆积起来,使果肉软化,果肉软化后用清水浸泡,然后捞出种子清洗干净,铺放在阴凉通风处晾干,不要再阳光下暴晒。

②净种　种子晾干后进行精选,除去杂物、病虫粒、畸形粒、破粒、烂粒,使种子纯度达95%以上。净种方法可根据不同种子而定。大粒种子(核桃、板栗等)用人工挑选;小粒种子利用风选、筛选、水选等方法。

③分级　将同一批种子按其大小、饱满程度或重量进行分类。分级方法因种子而异,大粒种子人工选择分级;中、小粒种子可用不同的筛孔进行筛选分级。

④干燥　可以用自然干燥法,也可采用人工干燥法,比如红外线干燥。

2.贮藏种子

(1)干藏法　把已适当干燥后的种子储藏在干燥的环境中,通称干藏法。

①普通干藏法　将自然风干的种子装入不经密封的容器,置室内阴凉、通风、

干燥的环境中贮藏。此法适用于不需长期保存,几个月内即将播种的种子。如落叶果树的大部分树种包括苹果、梨、桃、葡萄、柿、枣、山楂、杏、李、部分樱桃、猕猴桃等的种子及其砧木种子,如图 4-2 所示。

②低温干藏法　将充分干燥的种子,置于温度 0～5℃,相对湿度不超过 50%的室内贮控设备。如图 4-3 所示。

③密封干藏法　将种子充分干燥后,装入不透湿的密封容器内贮藏。在容器内加入木炭、草木灰或氯化钙等干燥剂,密闭存放。密封干藏法适用于普通干藏容易丧失发芽力的种子,如鸡冠花、瓜叶菊等以及需要长期储藏的种子,可有效延长种子寿命。

图 4-2　普通干藏法

图 4-3　低温干藏法

(2)湿藏法

①层积湿贮藏法　将种子与湿沙按重量 1∶3 比例交互做层积堆积,同时给予适当低温(秋冬季节或 0～10℃下)的贮藏方法。适用于安全含水量较高,不宜进行干燥的种子或休眠期长的种子。如板栗、银杏、甜樱桃、大多数常绿果树的种子和牡丹、芍药、苹果、梨、桃、李的种子。

②水藏法　王莲、睡莲、荷花等水生花卉种子直接贮藏在水中。

(3)气调贮藏法　气调贮藏是将种子置于低氧(其氧分压约为大气含量的 1/4～1/3)或完全为氢气、氮气、二氧化碳气体的环境中贮藏。

3. 处理种子

(1)层积处理　多在秋、冬季节进行,怕干的种子(如板栗)应在采收后立即层积。把休眠的果树花卉种子分层埋入湿润的素沙里,然后放在 0～7℃环境下,层积处理的天数与种子完成后熟所需的时间因种类而异。见表 4-1。

表 4-1 主要果树砧木种子层积天数

种类	层积天数/d	种类	层积天数/d
新疆野苹果	70～90	海棠果	60～80
八棱海棠	40～50	山荆子	40～45
中国李	80～120	山葡萄	90～120
枣、酸枣	60～90	扁桃(巴旦杏)	40～60
杜梨	60～80	秋子梨	40～60
毛桃、山桃	80～100	核桃、山核桃	60～80
秋子梨	40～60	中国樱桃	90～150
板栗	100～150	杨梅	150～180

①室外层积处理法　室外埋藏法较适合北方地区，其方法见图 4-4。

a. 选地址、挖贮藏坑　选择背阴、地势高、排水、干燥、土质疏松的地方。坑规格为宽 100～150 cm，深 80～150 cm，长度视种子多少而定。

b. 浸种　层积前用清水充分浸种。浸种时，大粒种子浸泡 2～3 d，小粒种子浸泡 24 h。

c. 层积用沙　洁净河沙，除去有机质和土块。种沙比为 1：(5～10)，小粒种子河沙量为种子量的 3～5 倍，大粒种子河沙量为种子量的 5～10 倍。层积所用湿沙手握成团不滴水，一触即散为准。

d. 种子的放置　先在坑底铺 10～15 cm 的石子或粗沙，再铺一层 5～6 cm 清洁的湿润细沙，在坑中央竖束一小捆秸秆或竹筒并高出地面 20 cm；若种子多、种坑很长时，每隔一定距离放一通气管；然后放一层种子一层河沙，如此堆放多层。放到距地面 30 cm 左右时，停止放种子，覆以湿沙与地表相平，再覆土呈脊形，并在坑的四周挖排水沟。每隔 5～7 d 检查温度、湿度，上下翻动，以防下层种子发芽或霉烂，并注意防止鼠害。

②室内堆藏法　此法在我国高温多湿的南方采用较为普遍。见图 4-5。

选择干燥的室内或草棚。在地下洒一层水，铺一层 10 cm 厚的湿沙，然后将种子与湿沙层积或种沙混合堆放，堆到 50 cm 高度，上盖湿沙。种子堆中每隔 100 cm 插一束秸秆把，以流通空气。要经常检查温度、湿度和通气状况，若种子发热出汗，应及时晾晒，并翻动种子以利通气换气。

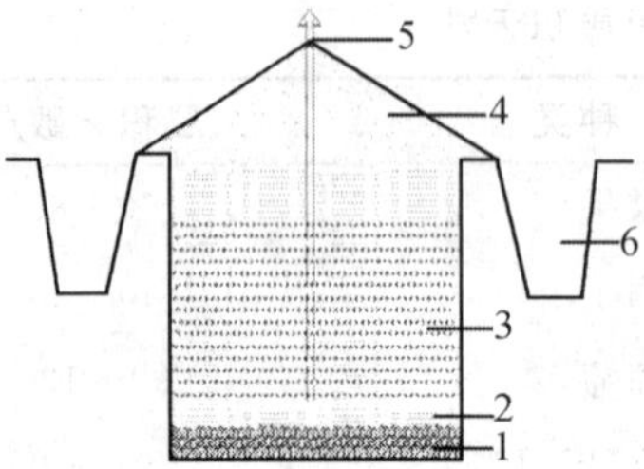

图 4-4 种子室外层积处理

1.卵石 2.沙子 3.种沙混合物

4.覆土 5.通气竹管 6.排水沟

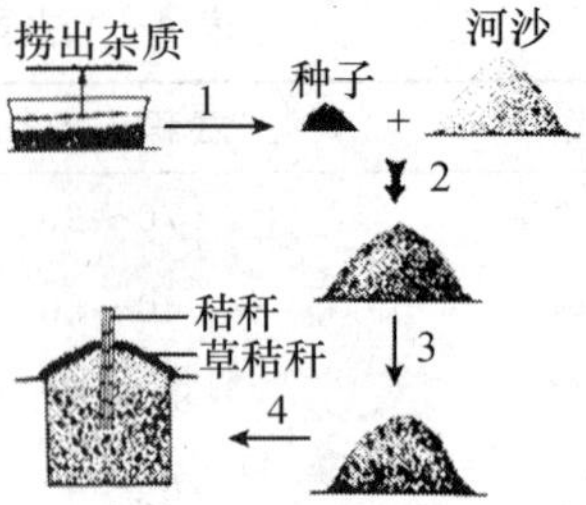

图 4-5 室内堆藏法

1.水浸 2.混合 3.拌匀 4.入坑

(2)播前处理 根据不同的种类采用浸种催芽、剥壳、挫伤种皮、药剂处理等方法对种子进行相应的处理,促使苗齐、苗匀、苗壮。

4.播种

对筛选发芽的种子可采用条播、点播、撒播的形式进行播种。播前要整地做畦,对土壤灭虫、消毒。

5.播后管理

出苗后要加强苗期管理。首先,从幼芽出土到生长速生后期可搭设高度50~80 cm,透光度50%~80%的阴棚进行遮阴;其次,注意灌溉与排水,要保证土壤湿润,圃地不积水;最后,注意进行间苗移栽、施肥、中耕除草、病虫害防治等。

(三)任务小结

1.每组写出一份实验报告,写出收获体会并对本组工作作出评价。

2.每组选一个代表在全班发言,总结采种、处理种子、播种过程以及管理过程中的关键技术。教师参与讨论过程、评价各小组的学习及实践情况。

四、讨论与巩固

1.简述实生苗繁殖的程序和方法。

2.什么是层积处理?

任务二 嫁接繁殖技术

一、学习准备

(一)知识准备

1. 相关概念

①嫁接繁殖是指植物的枝、芽接到另外一有根植物体的茎或根上,其组织相互愈合后培养成新个体的繁殖方法。嫁接繁殖主要用于结实困难、其他无性繁殖困难的植物,可以提高特殊品种的成活率及观赏性,也可以使接穗的抗病虫害、抗寒性、抗旱性、耐瘠薄性有所提高。

②嫁接繁殖是指供嫁接用的枝、芽,在新个体上发育成的枝、叶、花、果等器官的部分。

③砧木是指接受接穗的带根的植株,在新个体上发育成根系的部分。

④嫁接苗是指由嫁接繁殖所得的苗木。

2. 影响嫁接成功的因素

(1)植株的内在因素

①砧穗间的亲缘关系。二者亲缘关系越近,嫁接越易成活。同种内不同品种或品系间亲和力最强,嫁接最易成功。同属异种间因属种而异,多数亲和力较好,易成功,如蔷薇属、李属、苹果属、木兰属、柑橘属等;同科异属间亲和力一般较小,多不易成活,即便成活也会出现"大小脚"等接口愈合和不良的现象,但也有成活的组合,如仙人掌科的许多属间,柑橘亚科的各属间等;不同科间则由于亲缘关系太远,很难成功,在生产上尚无应用。

②嫁接的亲和力。所谓嫁接的亲和力是指砧木嫁接上接穗后,愈合和生长的能力。

近期不亲和:嫁接后不成活或成活困难。

后期不亲和:虽成活但生长差,逐渐枯死;近期生长正常,但经一段时期后生长较差,发育不良;出现大脚与小脚现象,如女贞上接桂花有小脚现象;生长后期叶片黄化,接口部分破损等。砧、穗不亲和或亲和力低的现象的表现形式见图4-6。

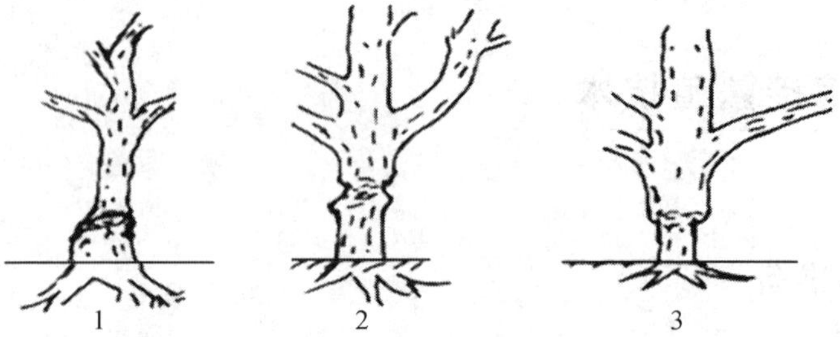

图 4-6 砧、穗不亲和表现形式图

1.大脚 2.环缢 3.小脚

(2)外界环境条件

①温度 对愈伤组织发育有显著的影响,多数花卉生长最适温度为 12~32℃,也是嫁接适宜的温度。

②湿度 嫁接时需注意协调保湿与通气的矛盾,保持空气相对湿度在 95%左右利于愈伤组织形成,因此嫁接中常用涂蜡、保湿材料如泥炭藓、聚乙烯膜包裹嫁接口和接穗包裹等提高湿度。

③光照 对愈伤组织的生长有明显抑制作用,黑暗条件下愈伤组织形成多而嫩、砧穗容易愈合,因此,嫁接后光照不能过强,以散射光为好。

④嫁接的操作技术也常是成败的关键,技术要点包括:刀刃锋利;操作快速准确;削口平直光滑,砧穗切口的接触面大,形成层要相互吻合,砧穗要紧贴无缝,捆扎要紧实等。

3.嫁接的方法

嫁接方法很多,根据接穗区分为枝接和芽接。如图 4-7 所示。

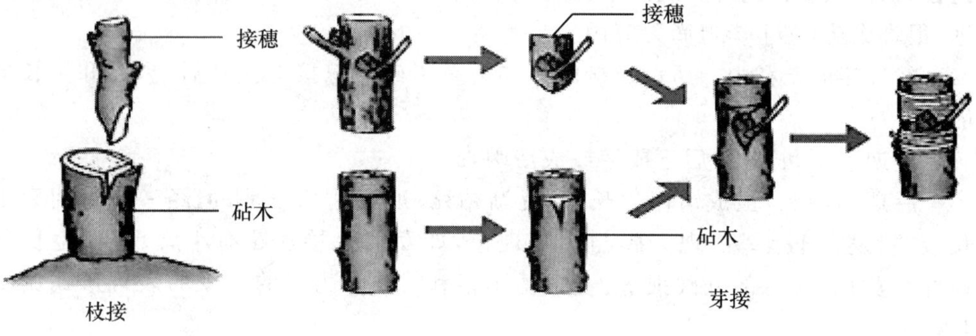

图 4-7 枝接与芽接

(1)枝接的特点及应用　枝接是以枝条为接穗的嫁接方法。一般在早春树液开始流动后,芽萌动之前进行。枝接的优点是成活率高、嫁接苗生长快,特别是在砧木较粗、砧穗均不离皮的条件下多用枝接。

(2)芽接的特点及应用　芽接是从枝上削取一芽,略带或不带木质部,插入砧木上的切口中,并予绑扎,使之密接愈合的嫁接方法,一般在夏秋季节进行。芽接的优点是接穗用量省;接合部位牢固;嫁接适期长,可补接;操作方便,繁殖系数大,且传染根癌病的概率较低。

(二)材料用具准备

(1)材料　塑料薄膜、接穗,砧木苗木。

(2)用具　枝剪、嫁接刀、磨刀石、凳子、标签、湿布、接蜡。

二、项目设计与实施

(一)项目任务设计

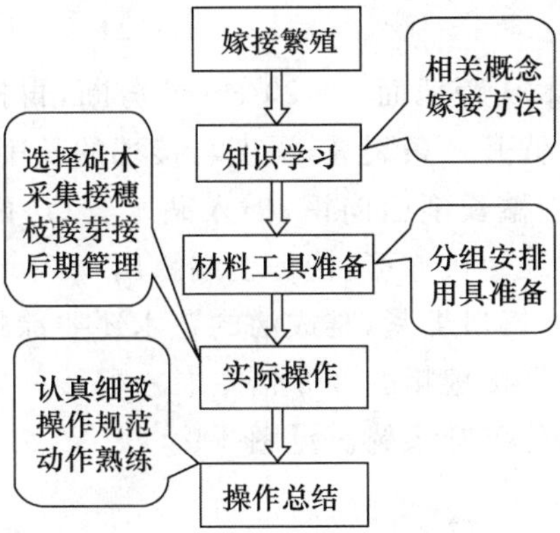

(二)项目任务实施

1. 分组并准备工具

根据嫁接繁殖的实际情况和人员数量进行分组,准备好相关用具。

2. 枝接技术

(1)切接法　切接是将砧木切个切口,将接穗插入切口之中,砧木较接穗粗。适合于大部分树木和草花植物。见图 4-8。

①选接穗　首先选择无病虫害的健壮母树,于树冠向阳面的中上部剪取生长充实的一年生枝条,然后将枝条截成长 5～10 cm 并带有两个以上叶芽的接穗。

②削接穗　在接穗基部没有芽的一面起刀,削成长削面,长削面削掉 1/3 以上

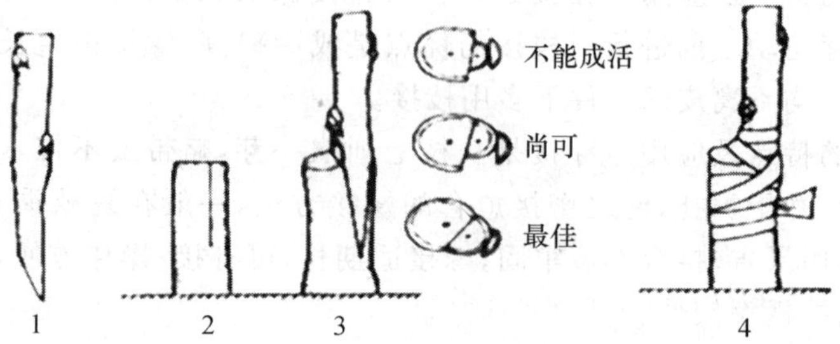

图 4-8 切接法

1.削接穗 2.剪切砧木 3.接合形成层 4.包扎

的木质部，形成左右平滑的长斜面，长 2～3 cm。在长削面的对面削成长约 1 cm 的短削面，使接穗下端呈扁楔形。削时切接刀要锋利手要稳，保持削面平整、光滑，最好一刀削成。

③选砧木 选择生长健壮，无病虫害、适应能力强、根系发达并与接穗有亲和力的植株作为砧木。

④剪切砧木 将砧木从距地面 8～20 cm 处剪断，再按照接穗的粗度，选择适合的位置，用刀自上而下劈开一条裂缝，深度与接穗的长削面相同。

⑤接合形成层 把接穗长削面向里，插入砧木劈口，两者形成层对准靠齐，如果不能两边同时对准，对准一边亦可，接穗上端露出 0.2 cm，即"露白"。

⑥包扎 用塑料条把接口绑紧，难成活的花木还要涂蜡。

(2)劈接法 砧木粗是接穗粗的 2.5 倍左右。劈接一般在春季 3～4 月间砧木发芽前进行，适合于大部分落叶果树。见图 4-9。

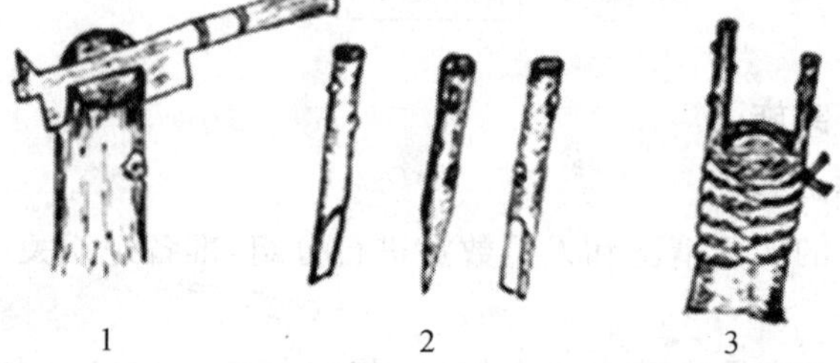

图 4-9 劈接法

1.劈开砧木 2.削接穗 3.插入接穗绑扎

(3)插皮接法 必须在砧木芽萌动离皮的情况下使用。此方法广泛用于苹果、梨、核桃、板栗等低产园的高换头。见图 4-10。

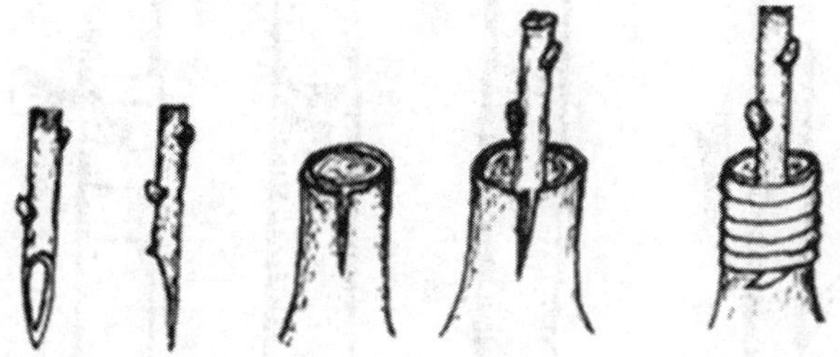

1　　2　　3　　4

图 4-10　插皮接法

1. 削接穗　2. 削砧木　3. 开皮接合　4. 绑扎

(4)靠接法　嫁接时将砧木和接穗靠在一起相接。靠接可在休眠期进行也可在生长期进行，砧木和接穗都不离体。靠接法多用于接穗与砧木亲和力较差、嫁接不易成活的观赏树，如桂花，茶花和柑、橘类树木。见图 4-11。

(5)舌接法　舌接法是将接穗和砧木都削成舌片状。一般适宜砧径粗 1 cm 左右，并且砧穗粗细大体相同的嫁接。操作要领见图 4-12。

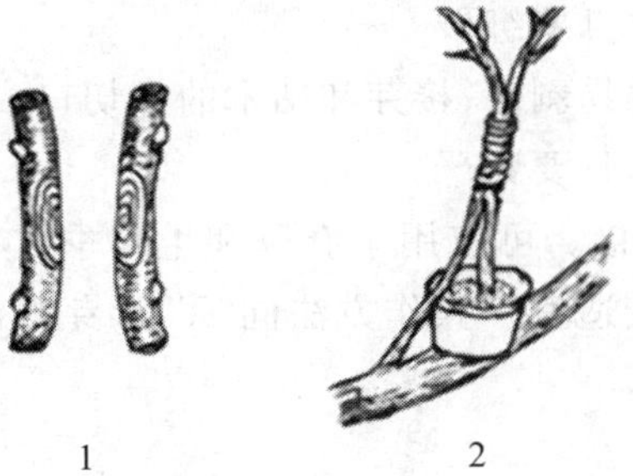

1　　2

图 4-11　靠接法

1. 砧木和接穗的削口　2. 绑扎

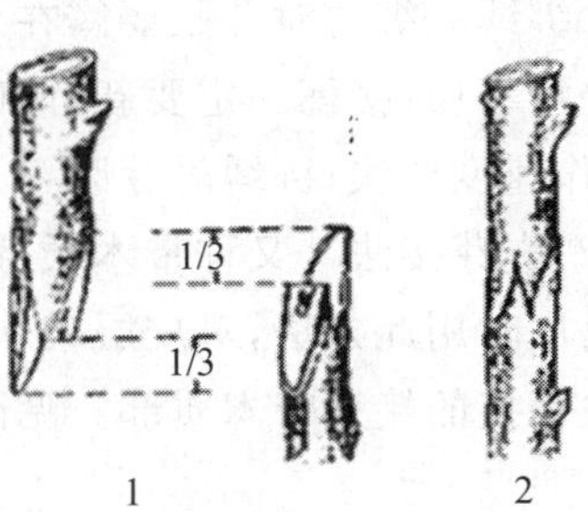

1　　2

图 4-12　舌接法

1. 砧木和接穗的削口　2. 绑扎

3. 芽接技术

芽接可分为"T"形芽接法、一点一横芽接、方块芽接、环状芽接、带木质部芽接和胚芽接等多种方法。现以月季的芽接方法为例介绍芽接的具体操作方法。

(1)"T"形芽接法　"T"形是指芽接时，把树皮划开呈"T"形，然后把芽插进去，再用带子捆起来。见图示 4-13 芽片的形状呈盾形，故也称盾形芽接。接穗与砧木必须离皮时用此方法。

①削取芽片　接芽只是带芽体的皮。首先在芽上 0.5 cm 处横切一刀，深达木

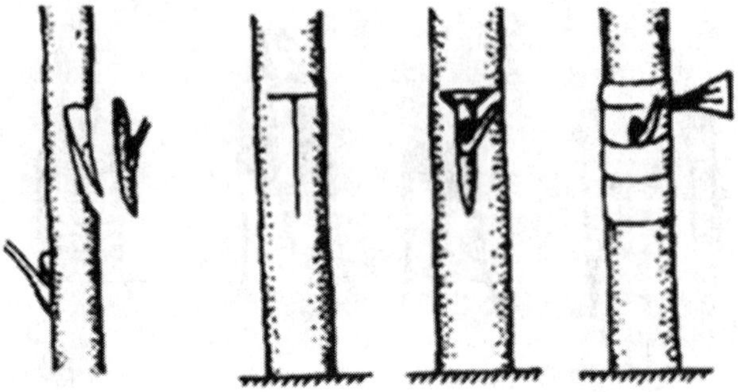

图 4-13 "T"形芽接法

1.削接芽　2.削砧木　3.插接芽　4.绑缚

质部，能剥开树皮为度；然后在芽下 1.5～2.0 cm 处向上斜削，与芽上横切口相交；掰下芽片。

②砧木切口　距地面 5～8 cm 处；选光滑顺直部位切"T"形切口。

③插入芽片　接芽横切口与砧木横切口对齐。

④绑缚　绑缚时芽眼要露在外面，且要绑紧绑严。

注意事项：接穗一定要新鲜，砧木、接穗易剥离；接芽和砧木的横切口一定要对齐；操作速度要快；绑缚时芽眼要露在外面，且要紧严。

(2)嵌芽接法　又称带木质芽接、贴芽接。可应用于春季和生长季。在砧、穗不易离皮时用此方法，对皮层较软的树种较适宜。操作方法同"T"形芽接法，但区别是嵌芽接的接芽带木质部。见图 4-14。

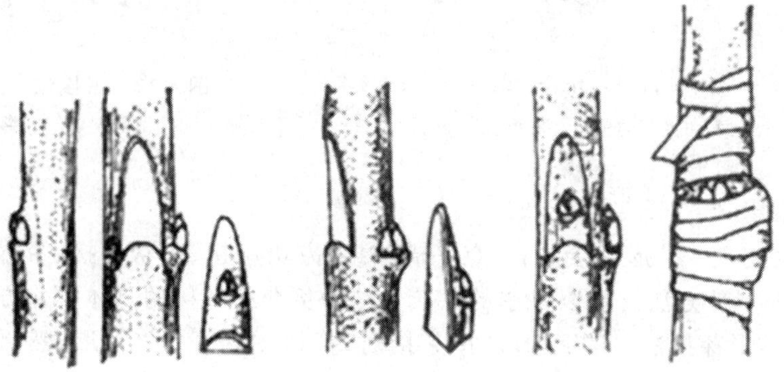

图 1-14 嵌芽接法

1.削接芽　2.削砧木　3.插接芽　4.绑缚

(3)套芽接法 又称环状芽接,主要用于皮层容易剥离,砧木与接穗直径相等或相近且较难成活的花木果树。此法多在夏末或初秋进行,成活率高但较费工。套接的操作技术要点见图 4-15。

(4)方块芽接法又称"工"字形芽接,主要用于核桃、柿树的嫁接。见图 4-16。

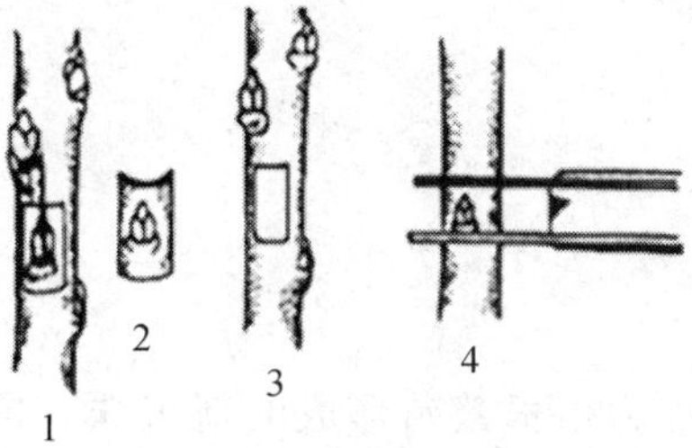

图 4-15 套芽接法

1.扭接芽 2.成套筒接芽 3.砧木剥离皮 4.套接

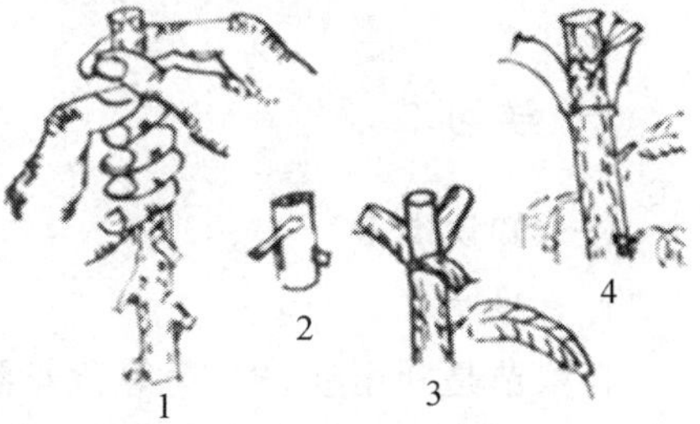

图 4-16 方块芽接法

1、2.削芽片 3.开砧木 4.插芽片、包扎

4.嫁接后管理

(1)管理措施 嫁接后挂上标签,写上接穗品种、日期。管理过程中要注意搭棚遮光,防止曝晒、风吹,喷水维持空气湿润。

(2)检查成活、解绑及补接 枝接者一般在接后 20~30 d,成活后接穗上的芽新鲜、饱满,甚至已经萌发生长;未成活则接穗干枯或变黑腐烂。芽接后 7~15 d,即可检查成活情况,接芽新鲜,叶柄一触即落,且"T"字口内接上的皮色正常者为已成活。成活的要及时解除绑缚物,未成活的马上在其上或其下补接。

(3)剪砧 速生苗接后 7~10 d 剪砧。春季芽接的随即剪砧,夏季芽接的一般 10 d 之后解绑剪砧,夏末和秋季芽接的在翌春发芽前及时剪砧。

(4)除萌 剪砧后砧木基部会发生许多萌蘖,须及时除去,一般需要除萌 2~3 次。

(三)任务小结

1.每组写出一份实验报告,写出收获体会并对本组工作作出评价。

2.每组选一个代表在全班发言,总结嫁接成功的经验和失败的教训以及提高嫁接成功率的措施。教师参与讨论过程、评价各小组的学习及实践情况。

三、讨论与巩固

1.常用的果树嫁接方法有哪些?简述其关键技术。

2.简述影响嫁接苗生长的环境因素。

任务三 扦插、压条及分株繁殖技术

一、学习准备

(一)知识准备

1.自根苗

自根苗是利用枝、根、芽等营养器官的再生能力生根繁殖形成的新植株。自根苗繁殖一般包括扦插苗、压条苗和分株苗的繁育方法。

(1)特点 自根苗的根系不是由胚根生成的,而是由不定根发育而成的。

(2)优点 ①自根苗能保持母本优良性状。②自根苗生长一致,进入结果期早。③繁殖方法简便。自根苗没有主根,变异小,繁殖方法简便,应用广泛。

(3)缺点 一般根系较浅,抗逆性和适应性差,寿命较短,繁殖系数低。

2.扦插繁殖

扦插繁殖是指切取花木的根、茎、叶插入基质中,使之生根发芽成为独立植株的方法。通常将所用的一段营养体称为插穗。将所产生的新个体称为扦插苗。

(1)特点 扦插苗比播种苗生长快,开花早,短时间内可形成多数较大幼苗,保持品种优良特性,但插后管理难度大,适应性不如嫁接苗。对一些无法利用实生繁殖或嫁接繁殖的树种,或实生后不能保持品种一致性的及嫁接较困难的树种,如葡萄、石榴、菠萝等多采用这种繁殖方法。

(2)种类

①枝插 是指以枝条作为插穗的扦插方法。根据插穗的不同,枝插又可分为硬枝插、绿枝插、嫩枝插、单芽插 4 种。

硬枝插:在休眠期用完全木质化的一二年生枝条作插穗的扦插方法,也称休眠枝扦插。生产上采用的方法有大田露地扦插和塑料小棚保护地扦插。

绿枝插:在生长期用基部半木质化带叶片的绿枝作插穗的扦插方法。绿枝扦插比硬枝扦插容易生根,但其对空气和土壤湿度要求严格。常用荫棚下塑料小棚扦插和全光照自动间歇喷雾扦插。

嫩枝插:生长期采用枝条尖部嫩枝作插穗的扦插方法。山楂、枣等发根难的树种嫩枝扦插效果很好;葡萄、无花果、石榴等树种均可进行嫩枝扦插。见图 4-17。

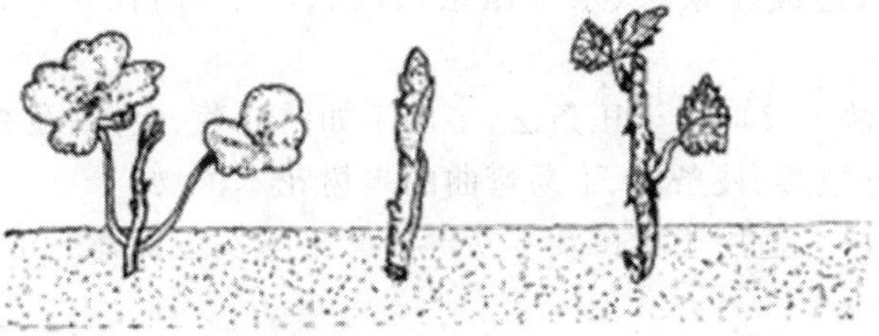

图 4-17　嫩枝插

1.天竺葵　2.菊花　3.月季

②叶芽插　插穗为一芽附一片叶，芽下部带有一小段茎，插入沙床中，露出芽尖即可。主要是温室花木类使用，橡皮树、八仙花、菊花、万寿菊等可用此法。见图 4-18。

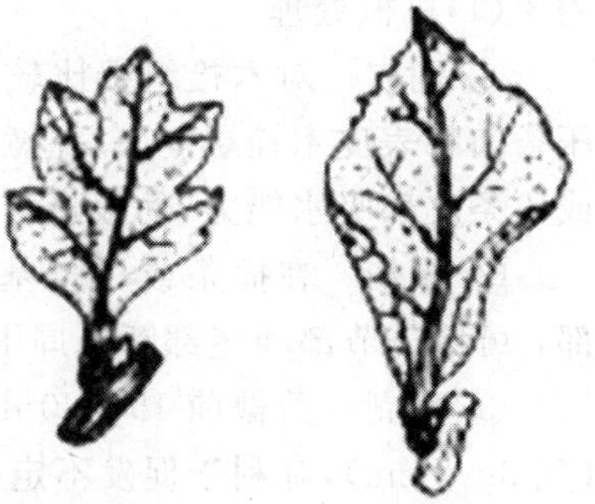

图 4-18　叶芽插

1.菊花叶芽插　2.八仙花叶芽插

③叶插　叶插是用花卉叶片或叶柄作插穗的扦插方法。用于能自叶上发生不定芽及不定根的种类。

全叶插：以完整叶片为插穗。用此法繁殖的有大岩桐、非洲紫罗兰、豆瓣绿、球兰等。

片叶插：片叶插就是将一个叶片分切成为数块，分别进行扦插。此法适用于蟆叶秋海棠、大岩桐、豆瓣绿、虎尾兰等。

④根插　用根做插穗的扦插方法。此法适用于枣、柿、核桃、李、山楂、杜梨、芍药、牡丹等果树和宿根花卉。

3.压条繁殖

压条繁殖是指在早春发芽前，将母株上的枝条压于土中或生根材料中，待其生根后与母树分离而长成新的植株的繁殖方法。采用压条繁殖的苗木称为压条苗。

(1)特点　压条繁殖成活率高，且可保持母树优良的性状，但繁殖系数小，多在用其他无性繁殖方法困难，或要繁殖较大的新株时采用压条繁殖。扦插不易生根或嫁接不易成活的果树如石榴、荔枝、龙眼、柑橘、苹果的矮化砧等和一些温室花木类如扶桑、白兰花、桂花、夹竹桃、山茶花等常用此方法。

(2)种类

①普通压条法　主要适用于枝条离地面近且枝条易弯曲的树种。包括单枝压

条法(直立压条)、连续压条法(水平压条)、波状压条(曲枝压条、多段压条)三种类型。

②壅土压条法　又叫堆土压条法,多用于如绣线菊、金钟、迎春、石榴、李树,樱桃、贴梗海棠等分枝矮、枝条硬、不易弯曲的果树花木植物。

③空中压条法　适用于大树及不易弯曲又不易发生根蘖的花木植物。

4. 分株繁殖

人为将植物体上长出来的幼植株体,如萌蘖与母株分离另行栽植而成为独立新植物的繁殖方法。主要包括丛生及萌蘖类分株、宿根类分株、块根类分株、根茎类分株 4 个类型。

5. 促进生根的方法

(1)机械处理

① 剥皮　对木栓组织比较发达的枝条,或较难发根的木本花卉植物,扦插或压条前将表皮木栓层剥去,注意勿伤韧皮部,对促进发根有效。剥皮后能增加插条或压条皮部吸水能力,幼根也容易长出。

② 纵伤　在插条或压条基部一两节的节间处刻画五六道纵切口,深达木质部,可促进节部和茎部断口周围发根。

③ 环剥　剪穗前 15～20 d 在母株上准备用作插穗的枝条基部环剥一圈皮层(宽 3～5 cm),有利于促发不定根。

(2)用溶液处理

①用激素处理　将插条沾上生根粉或浸入生根液中。植物的生长调节剂主要有萘乙酸、吲哚丁酸、ABT 生根粉等。生产上最常用的、效果最好的激素是绿色植物生长调节剂(GGR),使用的方法是,将 GGR 配制成 50 mg/L 的溶液,再将插条基部放入溶液中浸 3～24 h。压条生根。

②用涂抹法进行处理　用 50%酒精液配制。枇杷用 250 mg/kg 的 IBA 羊毛脂剂涂抹于压条枝表面可以增加生根。木菠萝、番石榴、长山核桃、枣等在空中压条时,于环剥后立即或 3 d 后在剥除皮处涂上 5 000 mg/kg IBA 的 50%酒精溶液,效果好。

(二)仪器设备准备

(1)器具准备　剪刀、浇水壶、铁锨、锯、遮阳网、铁丝、环割刀、芽接刀、磨石、修枝剪。

(2)物资准备　繁殖床、培养土、浇水设备以及地膜、有机肥、化肥、杀菌剂、生根粉、酒精、沙、塑料绳等。

(3)测量用具　量筒、量杯、刀片、标签、铅笔。

二、项目设计与实施

(一)项目任务设计

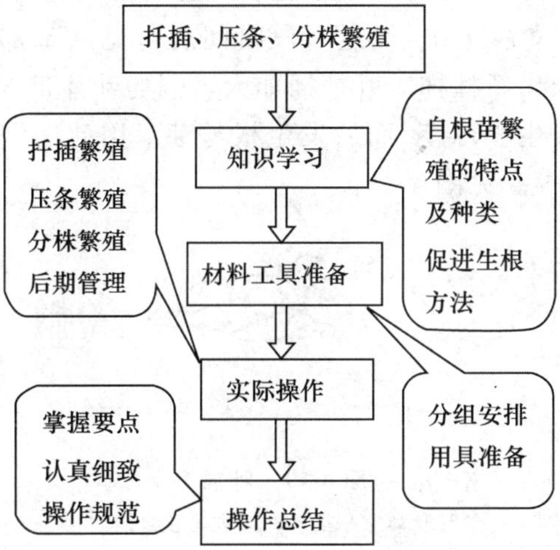

(二)项目任务实施

1. 扦插繁殖技术

(1)硬枝插

①采集与贮藏插条　在秋季落叶后,选芽饱满,无病虫害的枝条,将枝条以50～100根捆成一捆,标明品种、采集日期,湿沙贮藏在窖内。

②准备插床　选择轻壤质地做插床。插床宽120 cm,高25 cm,沟宽40 cm,要做到土壤细碎,床面平整,沟系畅通。插床上搭50 cm高的小拱棚,上方再搭距床面1.8 m高、透光率30%的遮阳棚;要选易透气、有营养、无病菌、无害虫的材料和基质作为苗床基质,如锯末、细河沙、蛭石、珍珠岩等。保持苗床湿润而不积水。

③处理插条　冬藏后的枝条用清水浸泡6～24 h后,剪成10～15 cm、有2～3个芽的插条,扦插前可进行催根处理。

④扦插插条　春季地温上升后即可开始。扦插方式有直插和斜插,单芽插穗直插,长插穗斜插。

⑤插后管理　扦插后的管理主要为浇水、遮阴,管理的关键是水分和温度管理。喷水与遮阴、喷药与松土、抹芽与施肥、拆棚与移植。

(2)叶插

①平置法　切去叶柄及叶缘薄嫩部分,在叶脉交叉处用刀切断,将叶片平铺

于基质上，然后用少量石子铺压叶面，使其全叶脉与沙面贴紧，保持较高的空气湿度，约一个月幼苗从叶脉伤口处萌发出此法适用于秋海棠类、落地生根、一些多浆植物。

②直插法　将叶柄插入沙中，叶片立于面上。如虎皮兰，将叶片切成小段，每段长 4～6 cm，浅插于素沙土中，经过一段时间后可见从基部萌发须根，进而长出地下茎，根状茎顶芽长出新植株。叶柄插如大岩桐的叶片带 3 cm 长叶柄插入沙土中，则先在叶柄基部发生小球茎，而后发生根与芽。用此法繁殖的有大岩桐、非洲紫罗兰、豆瓣绿、球兰等。见图 4-19。

图 4-19　叶插

1. 秋海棠平插　2、3. 虎尾兰直插

(3)根插

①采根　一般在树木休眠期进行，选健壮幼龄树作为采根母树，根穗年龄以一年生为好，采后及时埋藏。

②根穗剪截　根穗长度为 15～20 cm。

③扦插　插前将插壤灌足底水，插后到生根前最好不灌水。见图 4-20。

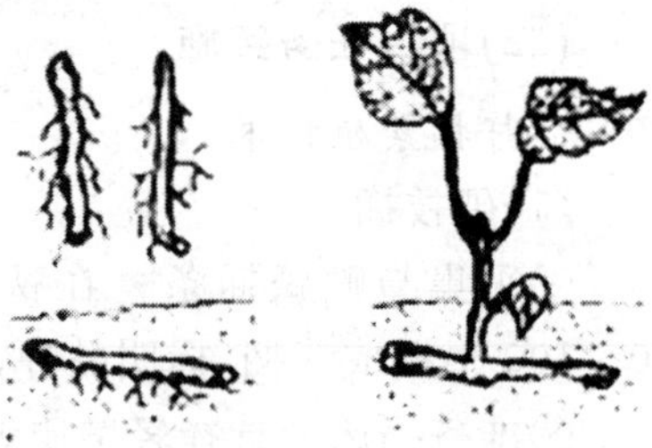

图 4-20　芍药、牡丹的根插

(4)扦插后管理　扦插后的管理主要为浇水、遮阴。硬枝插及根插管理较为简单，北方要保护，预防受春寒之害。嫩枝插宜精细管理，保持床土湿润，以防止蒸发失水影响成活。扦插初期要注意蔽荫，发根时晨夕可逐渐通风透光，逐步减少灌水，增多日照。并要注意拔草、除虫防病等工作，新芽长出后施淡肥一次。待植株壮实后方可移植。芽插、叶插多在温室内进行，也要精细管理，进行遮阴，以防止失水。

2. 压条繁殖技术

(1)单枝压条法　在春季或者初夏，在母株附近挖一个 10～15 cm 深的小坑，将近地面的枝条中段压入坑中，让其先端直立于外，并用竹竿加以固定，待新梢长到 20 cm 时，进行第二次培土，待发根后，割断压条与母株并移植(图 4-21)。此法适用于棣棠、迎春、连翘、无花果、葡萄、柑橘、苹果和李的矮化砧、李、石榴、樱桃等花木果树植物的繁殖。

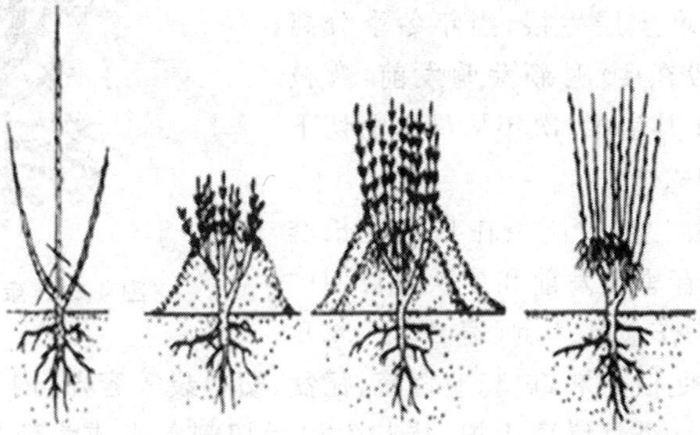

图 4-21　单枝压条法

1.短截促萌　2.第一次培土　3.第二次培土　4.去土可见根系

②连续压条法(水平压条法)　在萌芽前，挖 2～5 cm 深的沟，选取近地面的枝条，顺着生长的方向压入地面，盖少量松土，埋没枝梢，芽萌发后再盖薄土，新梢长到 15～20 cm 再培土 10 cm 左右。年末将生根的小苗剪下即可(图 4-22)。

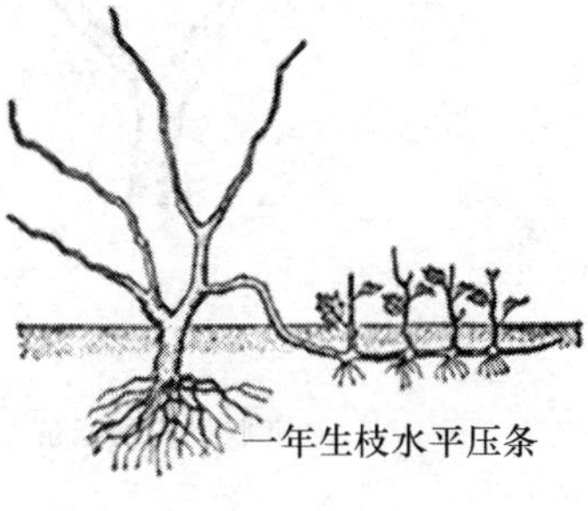

图 4-22　连续压条法

③波状压条法　在春季萌芽前，将藤蔓做蛇曲状，一段埋入土中，另一段露出土面，如此反复多次，根后即可切开移植。常用于枝蔓长而较软的花木繁殖，如金银花、葡萄、猕猴桃、紫藤、铁线莲属等(图 4-23)。

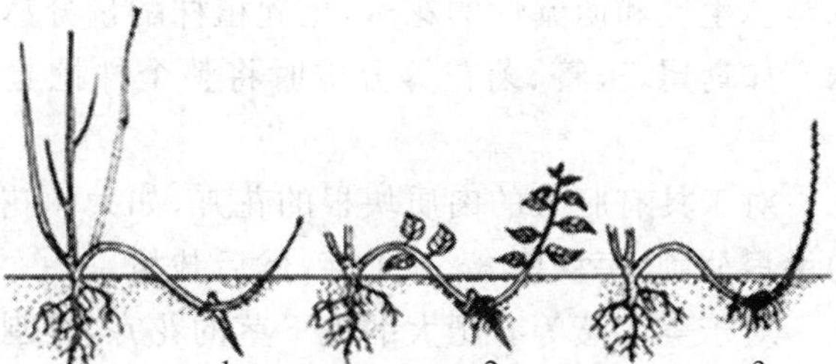

图 4-23　波状压条法

1.萌芽前刻伤与曲枝　2.压入部位生根　3.分株

④壅土压条法　在早春时节或冬季，将老龄母株于近地面处截断，待新梢长至 20 厘米左右时，将新梢基部刻伤，再堆上疏松湿润的土壤，枝条便会在堆土层生根，当年冬季分离栽培。如桂花一般在 10 月新芽萌发前，弯枝着地，用土壅之，让其生根，次年从母株上切下进行移植。见图 4-24。

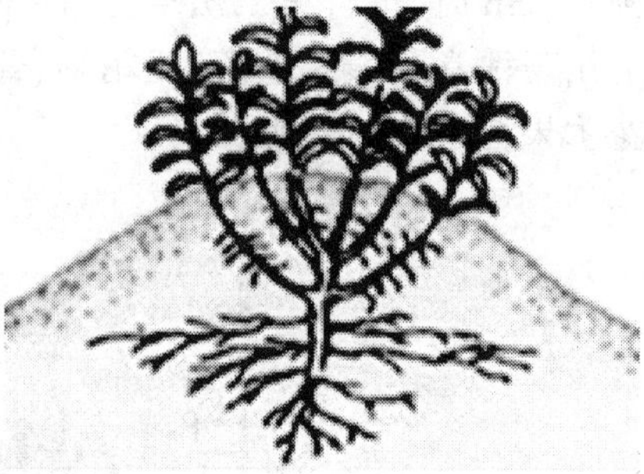

图 4-24　壅土压条法

⑤空中压条法　空中压条在整个生长季节都可进行，而以春季萌发前和夏秋生长期中进行较好。具体操作包括环剥（宽 2～4 cm），刮去形成层，涂上促根药剂，包套上竹筒、瓦盆、塑料袋等容器，内装苔藓或基质，经常保持基质湿润，一个月后可生根，待其生根后切割下来成为新植株。杜鹃花、山茶、桂花、米兰、蜡梅、荔枝等均常用。见图 4-25。

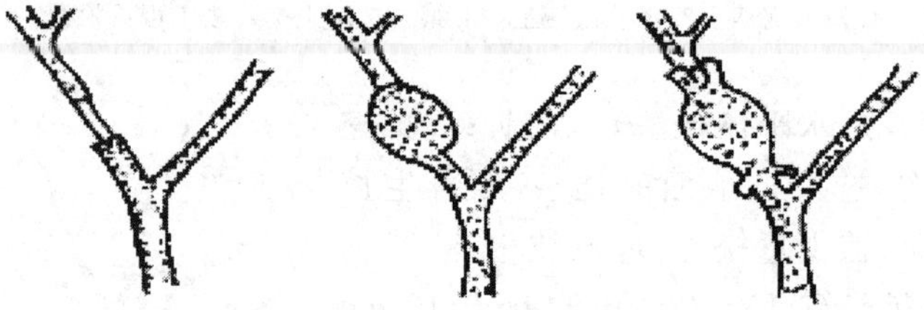

图 4-25　空中压条法

1. 环状剥皮的纸条　2. 用基质包扎后的清醒　3. 包扎塑料薄膜分株

（3）分株繁殖技术

①丛生及萌蘖类分株　分出的植株必须是具有根茎的完整植株。将牡丹、蜡梅、玫瑰、中国兰花等丛生性和萌蘖性的花木，挖起植株酌量分丛。见图 4-26。

②宿根类分株　如鸢尾、玉簪、菊花等分株时将整个株挖起用刀分成数丛，每丛 3～5 个芽。

③块根类分株　对于具有肥大的肉质块根的花卉，如大丽花、马蹄莲等进行分株时用刀将带芽的块根分割，每株留 3～5 个芽，然后栽植。

④根茎类分株　对于美人蕉等有肥大的地下茎的花卉，分割的每株留 2～4 个芽即可。

⑤分株繁殖的管理　分离的幼株必须带有完整的根系和 1～3 个茎芽。分株

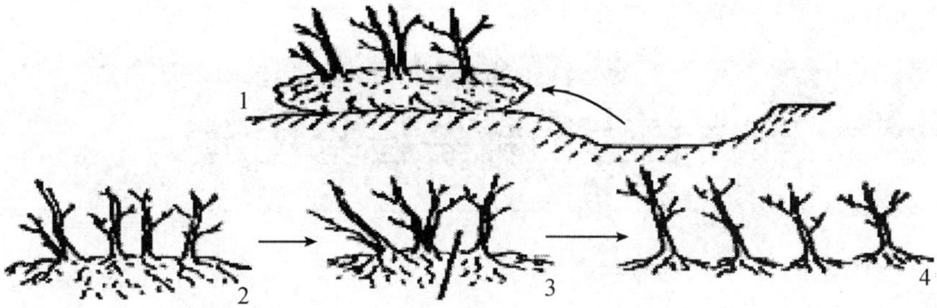

图 4-26　丛生及萌蘖类分株

1、2. 挖掘全株　3. 切割　4. 栽植

时伤口要进行消毒并要检查病虫害，幼株栽植的入土深度应与根的原来入土深度保持一致，切忌将根茎部埋入土中。移栽后要加强肥水管理。

(三)任务小结

1. 每组写出一份实验报告，写出收获体会并对本组工作作出评价。

2. 每组选一个代表在全班发言，总结扦插、压条、分株繁殖技术要点，怎样提高其成活率？教师参与讨论过程、评价各小组的学习及实践情况。

三、讨论与巩固

1. 果树自根苗繁殖的方法有哪些？有何优缺点？
2. 通过任务的完成，总结促进果树花卉生根的方法。
3. 试述分株繁殖的操作过程。
4. 描述扦插及插后管理技术。
5. 压条繁殖有哪些方法？

项目五　种子检验技术

【学习目标】

1. 熟悉种子质量的内涵；
2. 熟悉种子检验的程序；
3. 对种子批进行正确扦样；
4. 熟悉种子检验操作规程，学会各项种子检验技术；
5. 正确填写结果报告单；
6. 学会种子检验中常见仪器设备的使用，能规范操作及简单维护。

【工作任务描述】

本项目分为种子质量概述和种子检验程序、扦样、净度分析、发芽试验、真实性和品种纯度鉴定、水分测定 6 个任务。通过本项目任务的操作与学习，能让学员进一步认识种子质量的内涵，熟悉种子检验操作规程，学会各项种子检验技术，能判断种子品质优劣，评定其使用价值。同时培养学员认真观察、规范操作、作风严谨等职业素质。

【思维导图】

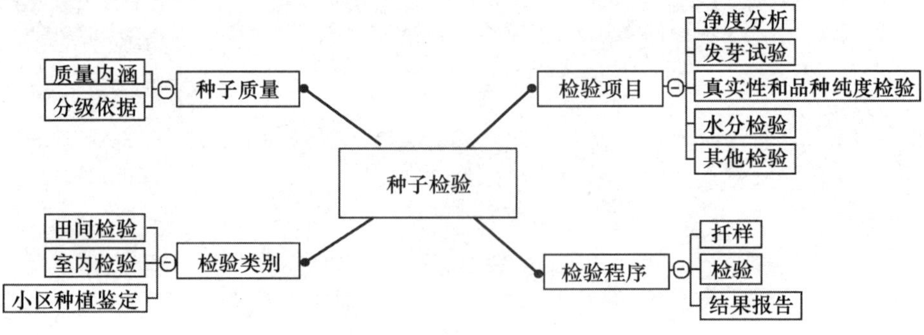

任务一　种子质量概述与种子检验程序

一、学习准备

(一)知识准备

1. 种子质量的内涵

种子质量是由种子不同特性综合而成的一种概念。农业生产上要求种子具有优良的品种特性和优良的种子特性。种子质量优劣不仅影响农作物的产量,而且影响农作物的品质。

种子质量包括品种质量(指与品种的遗传特性有关的品质)和播种质量(指种子播种后与田间出苗有关的质量性状)两方面。良种是指种子应具备优良的品种质量和优良的播种品质。见图 5-1。

- **种子质量**
  - **品种质量**
    - **真实性**　种子真实可靠的程度,用真实性表示
    - **品种纯度**　品种典型一致的程度,用品种纯度表示
  - **播种质量**
    - **净**　种子清洁干净的程度,用净度表示
    - **壮**　种子发芽出苗齐壮的程度,用发芽力、生活力表示
    - **饱**　种子充实饱满的程度,用千粒重表示
    - **健**　种子健全完善的程度,通常用病虫感染率表示
    - **干**　种子干燥耐藏的程度,用种子水分百分率表示
    - **强**　种子强健,抗逆性强,增产潜力大,用种子活力表示

图 5-1　种子质量内涵图示

2. 种子质量分级的依据

种子质量是以品种纯度、种子净度、种子发芽率和种子水分四项指标作为分级依据,特殊作物另加健籽率、病虫害感染率和杂草种子指标。例如,小麦和大麦的种子质量分级。见表 5-1。

表 5-1 小麦和大麦种子质量标准 %

作物名称	种子类别		纯度 不低于	净度 不低于	发芽率 不低于	水分 不高于
小麦	常规种	原种	99.9	99	85	13
		大田用种	99			
大麦	常规种	原种	99.9	99	85	13
		大田用种	99			

3.种子检验的类别及检验内容

种子检验是指采用科学的技术和方法、先进的仪器和设备对种子质量进行分析测定，判断其品质的优劣，评定其使用价值的操作过程。种子检验从检验对象上分为田间检验、室内检验和小区种植鉴定。

(1)田间检验 是在种子生产过程中，根据植株的特征、特性，田间的纯度进行测定，同时对异作物、杂草、病虫感染、生育情况及倒伏程度等项目进行调查。

(2)室内检验 是种子收获以后在加工、贮藏、销售及使用过程中扦取种子样品进行检验。室内检验的内容较多，包括净度分析、真实性和纯度鉴定、水分含量测定、发芽试验、生活力的生化测定、重量测定、种子健康测定等。

(3)小区种植鉴定 是将种子样品播到田间小区中，以标准品种为对照，根据生长期间表现的特征、特性，对种子真实性和品种纯度进行鉴定。这是纯度鉴定最为经典的方法。

4.种子检验的程序

根据农作物种子检验规程 GB/T 3543—1995 种子检验分为扦样、检测和结果报告三个步骤。具体程序见图 5-1。

(1)扦样 种子批的扦样程序、实验室分样程序和样品保存，具体方法见任务二。

(2)检测 种子检验必须严格按照技术规程进行结果才有效。检测具体方法见任务三至任务六。

(3)结果报告 包含容许误差、签发结果报告单的条件、结果报告单。

①容许误差 是指同一测定项目两次检验结果所容许的最大差距，超过此限度则足以引起对其结果准确性产生怀疑或认为所测定的条件存在着真正的差异。

②签发结果报告单的条件 是指签发种子检验结果单的机构除了需要做好填报的检验事项外，还要注意检测条件是否符合 GB/T 3543—1995 的检验

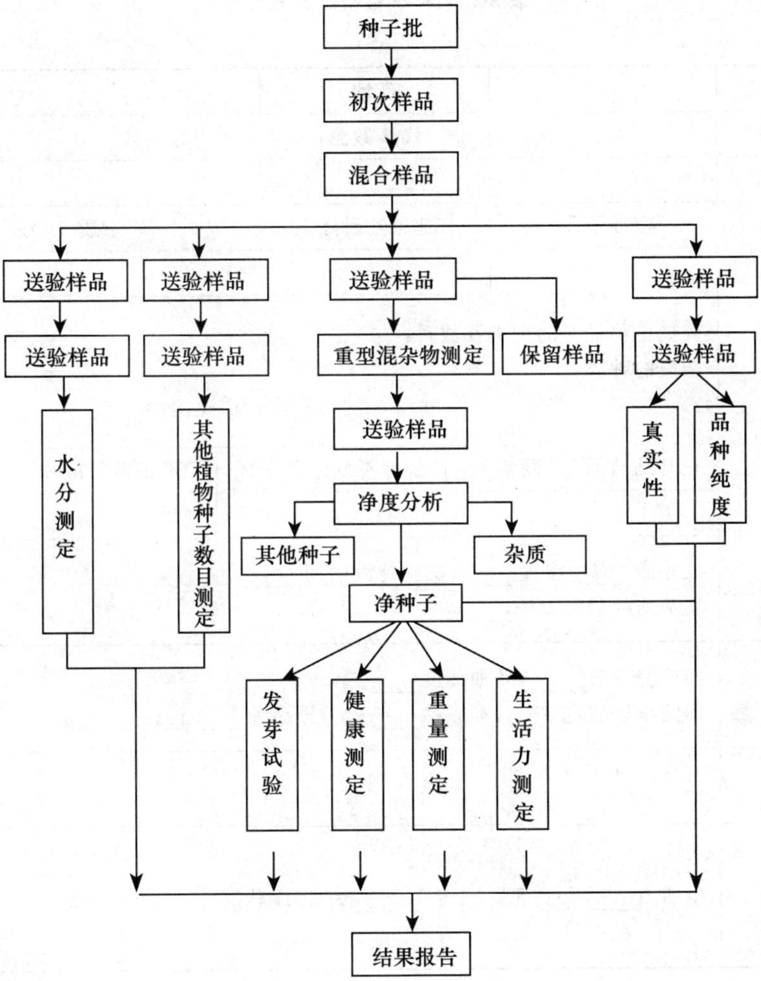

图 5-1　种子检验程序图

规程。

③种子检验报告是指按照种子检验规程规定进行检测而获得检验结果的一种证书表格。检测结果按实际测定结果如实填报，结果报告单不得涂改，没有测定的项目不得空白，须填写“未检验”字样或用“—N—”表示。结果报告单见表 5-1。

表 5-1　种子检验结果报告单

字第　　　号

<table>
<tr><td>送验单位</td><td colspan="2"></td><td colspan="2">产地</td><td></td></tr>
<tr><td>作物名称</td><td colspan="2"></td><td colspan="2">代表数量</td><td></td></tr>
<tr><td>品种名称</td><td colspan="2"></td><td colspan="2"></td><td></td></tr>
<tr><td rowspan="3">净度
分析</td><td colspan="2">净种子 %</td><td colspan="2">其他植物种子%</td><td>杂质　%</td></tr>
<tr><td colspan="2"></td><td colspan="2"></td><td></td></tr>
<tr><td colspan="5">其他植物种子的种类及数目：
杂质的种类：
完全/有限/简化检验</td></tr>
<tr><td rowspan="3">发芽
试验</td><td>正常幼苗%</td><td>硬实%</td><td>新鲜不发芽种子%</td><td>不正常幼苗%</td><td>死种子%</td></tr>
<tr><td></td><td></td><td></td><td></td><td></td></tr>
<tr><td colspan="5">发芽床____;温度____;试验持续时间____;
发芽前处理和方法________。</td></tr>
<tr><td>纯度</td><td colspan="5">实验室方法____,品种纯度____%。
田间小区鉴定____,本品种____%,异品种____%。</td></tr>
<tr><td>水分</td><td colspan="5">水分____%</td></tr>
<tr><td>其他
测定
项目</td><td colspan="5">生活力____%；重量(千粒)____g；健康状况：</td></tr>
</table>

检验单位(盖章)：　　　检验员(技术负责人)：　　　复合员：

填报日期：　年　月　日

(二)资料准备

利用现有的图书、报纸杂志以及网络资源查找种子质量和种子检验的信息资料,了解我国种子质量现状、相关标准及种子检验的发展史等。

二、项目设计与实施

(一)项目任务设计

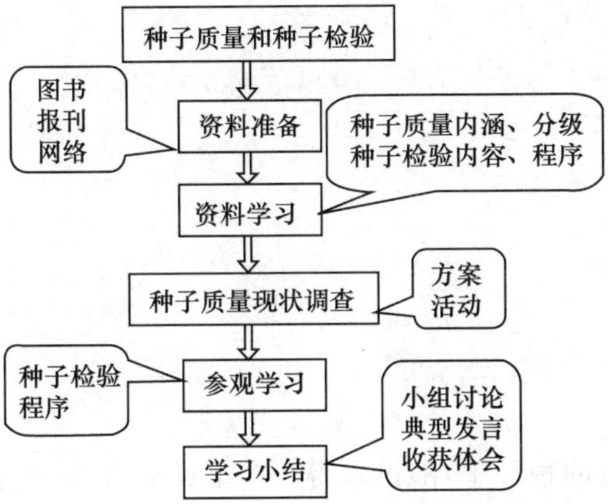

(二)项目任务实施

1. 在教师的指导下,学习种子质量的内涵、分级标准以及种子检验的概念、类别、内容、程序

2. 对当地种子质量现状进行调查

(1)制订调查方案　以小组为单位制定调查计划,包括时间、地点、调查对象和内容、调查表格设计等。

(2)调查活动　在查阅资料的基础上,按照制订的调查方案,通过走访当地种子管理部门、种子销售单位、种植大户等,了解当地作物种子质量情况。

(3)调查总结　根据调查结果每人撰写一份不少于600字的调查总结。在教师的组织下与同学们交流学习。

3. 参观学习

教师联系当地种子检验部门,组织学生参观种子检验的程序。

4. 学习小结

(1)以小组为单位在全班讲解学习方法、学习收获。

(2)教师组织发动全班同学讨论、评价各小组的学习情况,达到全班同学共享学习资源和收获体会,巩固所学的知识内容。

三、讨论与巩固

1. 种子质量包含哪些方面?

2. 种子质量分级的依据是什么?

3. 什么是种子检验?

4. 简述种子检验的类别、内容及程序。

任务二　扦样

一、学习准备

(一)知识准备

1. 扦样的意义

扦样就是从大量的种子中,随机取得一个重量适当、有代表性的供检样品。样品是从种子批中的不同部位随机扦取若干次的小部分种子合并而成。

扦样是种子检验的重要环节,扦取的样品有无代表性,决定着种子检验的结果是否有效。如果扦取的样品缺乏代表性,那么无论检测多么准确,都不会获得符合实际情况的检验结果。

2. 了解扦样的有关术语

(1)种子批　同一来源、同一品种、同一年度、同一时期收获和质量基本一致、在规定数量之内的种子。

(2)初次样品　从种子批的一个扦样点上所扦取的一小部分种子。

(3)混合样品　由种子批内扦取的全部初次样品混合而成的样品。

(4)次级样品　指通过分样所获得的部分样品。

(5)送验样品　指送达检验机构的样品,该样品可以是整个混合样品或是从其中分取的一个次级样品,送验样品的数量有相应的规定。

(6)备份样品　指从相同的混合样品中获得的用于送验的另外一个样品。

(7)试验样品　指不低于检验规程中所规定重量的、供某一检验项目之用的样品。

(二)仪器设备准备

(1)扦样器　袋装扦样器(单管扦样器、双管扦样器)、散装扦样器。

(2)分样器　钟鼎式分样器、横格式分样器。

(3)其他器具资料　天平、分样板、样品容器、封条、标签、扦样单等。

(三)资料准备

利用相关图书、教材和网络资源查找国家技术监督局发布的农作物种子检验规程 GB/T 3543.2—1995。

二、项目设计与实施

(一)项目任务设计

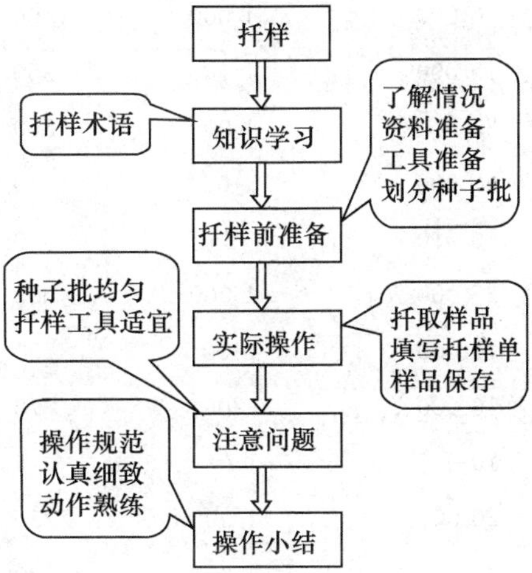

(二)项目任务实施

1. 扦样前准备

(1)扦样员向种子经营、生产、使用单位了解该批种子的种子名称、生产时间、生产单位、数量等情况。

(2)根据 GB/T 3543.2—1995《农作物种子检验规程　扦样》规定划分种子批，不同作物种子批最大重量不同(表 5-2)，被扦的种子批应在扦样前进行适当混合使其均匀一致。扦样时，若种子包装物或种子批没有标记或能明显地看出该批种子在形态或文件记录上有异质性的证据时，应拒绝扦样。

2. 扦取样品

(1)扦取初次样品

袋装扦样法：根据种子批袋装的数量确定扦样袋数(表 5-3)，袋装种子堆垛存放时，应用扦样器随机从上、中、下各部位扦取。

散装扦样法：根据种子批散装的数量确定扦样点数(表 5-4)，扦样时随机从各部位及深度扦取初次样品。

表 5-2 主要作物种子批的最大重量和样品最小重量

种(变种)名	种子批的最大重量/kg	样品最小重量/g		
		送验样品	净度分析试样	其他植物种子计数试样
小麦	25 000	1 000	120	1 000
大麦	25 000	1 000	120	1 000
玉米	40 000	1 000	900	1 000
棉花	25 000	1 000	350	1 000
大豆	25 000	1 000	500	1 000
稻	25 000	400	40	400
烟草	10 000	25	0.5	5
花生	25 000	1 000	1 000	1 000
高粱	10 000	900	90	900
麻	10 000	700	70	700
芝麻	10 000	70	7	70
赤豆	20 000	1 000	250	1 000
绿豆	20 000	1 000	120	1 000

表 5-3 袋装种子的最低扦样袋(容器)数

种子批的袋数(容器数)	扦样的最低袋数(容器数)
1～5	每袋都需扦取,至少扦取 5 个初次样品
6～14	不少于 5 袋
15～30	每 3 袋至少扦取 1 袋
31～49	不少于 10 袋
50～400	每 5 袋至少扦取 1 袋
401～560	不少于 80 袋
561 以上	每 7 袋至少扦取 1 袋

(2)配置混合样品　观察比较初次样品在形态、颜色、光泽和水分等品质方面有无显著差异,无明显差异的初次样品充分混合,合并成混合样品。

(3)取得送验样品　若混合样品的重量与送验样品重量相符,即可将混合样品作为送验样品。若混合样品数量较多时,应使用分样器或分样板从中分出规定数量的送验样品。

水分测定送验样品的最低重量是:需磨碎的种类为 100 g,不需磨碎的种类为 50 g;品种纯度测定则需按照品种纯度测定的送验样品重量规定。

(4)分取试验样品　将送验样品充分混合,然后用分样器法或四分法分取各项测定用的试验样品,重量必须与规定重量相一致。

四分法是将样品倒在光滑的桌上或玻璃板上,用分样板将样品先纵向混合,再横向混合,重复混合 4～5 次,然后将种子摊平成四方形,用分样板划来那个条对角线,使样品分成 4 个三角形,再取两个对顶三角形内的样品继续按上述方法分取,直到两个三角形内的样品接近两份试验样品的重量为止。

3.样品保存

将试验样品放入样品袋,贴上封条和标签。如果样品不能及时检验,需将样品保存在凉爽、通风的室内,使质量变化降到最低程度。

4.填写扦样单

扦样单(表 5-5)一式两份,一份交检验室,一份交被扦单位保存。

表 5-4　散装种子批扦样点数

种子批大小/kg	扦样点数
50 以下	不少于 3 点
51～1 500	不少于 5 点
1 501～3 000	每 300 kg 至少扦取 1 点
3 001～5 000	不少于 10 点
5 001～20 000	每 500 kg 至少扦取 1 点
20 001～28 000	不少于 40 点
28 001～40 000	每 700 kg 至少扦取 1 点

表 5-5 种子质量扦样单

No：

受检单位			
作物种类		品种名称	
种子来源		种子世代	
种子生产单位		收获年份	
种子存放地点		种子堆放形式	
种子批号		种子批重	
扦样方法		样品重量	
检验项目		样品编号	
检验方法		判断依据	
自报质量		扦样日期	年 月 日
备注：			
抽样单位	保管员	（签字、盖章）	
	扦样人员	（签字、盖章）	

注：此单一式两份，仓库、检验室各存一份。种子堆方形式栏填写袋装、散装、转囤等。

（三）注意事项

1. 被扦种子批均匀一致。

2. 按照预定的扦样方案采取适宜的扦样器和扦样技术扦取样品。

3. 样品必须封缄与标识，能溯源到种子批，并在包装、运输、贮藏等过程中采取措施尽量保持其原有特性。

（四）任务小结

1. 每组写出一份实验报告，并对本组工作作出评价。

2. 每组选一个代表在全班发言，总结实验过程得失。教师参与讨论过程并指导，对各组进行评价。

三、技能拓展

1. 扦样器的使用

(1)单管扦样器　适用于扦取中小粒种子样品。扦样时用扦样器尖端拨开袋一角的线孔，扦样器凹槽向下，自袋角处尖端与水平成 30℃ 向上倾斜地慢慢插入袋内，直至到达袋的中心，然后手柄旋转 180℃，使凹槽旋转向上，稍稍振动，使种子落入孔内，使扦样器全部装满种子，抽出扦样器，打开孔口，将种子倒入盘内盛样器中；最后，用扦样器尖端在扦孔处拨好扦孔，也可用纸粘好扦孔。见图 5-2。

(2)双管扦样器　适用于扦取较大粒种子样品。首先，旋转手柄，使孔关闭，同单管扦样器操作插入袋内，然后手柄旋转 180℃，打开孔口稍稍振动，使种子落如孔内，使扦样器全部装满种子，抽出扦样器，即可打开孔口，将种子倒入盛样器中。见图 5-2。

(3)长柄短筒圆锥形扦样器　扦样时，首先关闭进谷门，插入袋中，到达一定深度后，用力向上一拉，使活动塞离开进谷门，略加振动，种子即掉入门内，关闭进谷门，然后抽出扦样器，把种子倒入盛样器中。注意应从不同层次(上、中、下)扦取样品。见图 5-2。

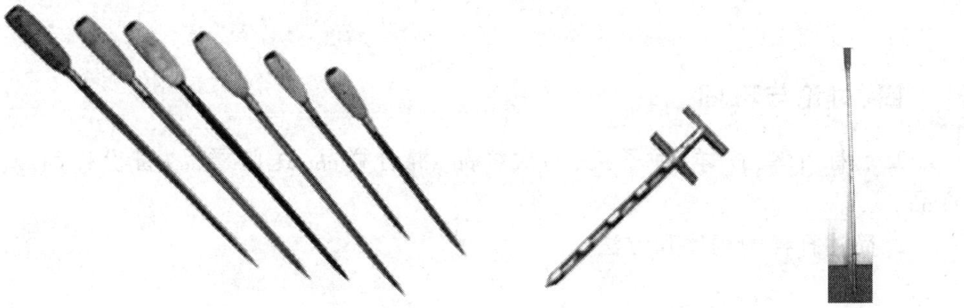

单管扦样器图　　双管扦样器　　长柄短筒圆锥形扦样器

图 5-2　袋装、散装种子扦样器

2. 分样器的使用

(1)钟鼎式分样器　使用钟鼎式分样器时应先刷净，样品放入漏斗时应平铺，用手很快拨开快门，使样品迅速下落，再将两个盛接器的样品同时倒入漏斗，继续混合 2～3 次，然后取其中一个盛接器按上述方法继续分取，直至达到规定重量为止。见图 5-3。

(2)横格式分样器　横格式分样器适用于大粒种子和有稃壳种子。横格式分样器由一个附有凹槽或格子的漏斗，一个支持漏斗的框架，两个承接盘和一个倾倒盘组成。格子或凹槽长方形，由漏斗通到承接盘。有 12～18 个凹槽间隔通到相反的两边。使用时，将承接盘、倾倒盘等清理干净，并将其放在合适的位置，把样品倒入倾倒盘摊平，迅速翻转倾倒盘，使种子落入漏斗内，经过格子分两路落入承接器，即将样品一分为二。见图 5-3。

钟鼎式分样器

横格式分样器

图 5-3 分样器

四、讨论与巩固

1. 名称解释：扦样、种子批、初次样品、混合样品、送验样品、备份样品、试验样品。

2. 简述扦样的程序和方法。

任务三 种子净度分析

一、学习准备

(一)知识准备

1. 种子净度分析

种子净度是指种子清洁干净程度，指样品中除去杂质和其他植物种子后，剩余的本作物净种子重量占样品总重量的百分率。净度分析就是区分种子中净种子、杂质和其他植物种子的种类和比例。通过净度分析可以了解种子批中可利用种子的真实重量，为评价种子质量提供重要依据。

2. 种子净度分析的组分划分

(1)净种子 符合送验者所叙述种的种子单位或构造(已变成菌核、黑穗病孢子团或线虫瘿的除外），即使是未成熟的、瘦小的、皱缩的、带病的或发过芽的种子单位都应作为净种子，包括完整的种子单位和大于原来种子大小一半的破损种子单位。

(2)其他植物种子　是指净种子以外的任何植物种类的种子单位（包括其他植物种子和杂草种子）。其鉴别标准与净种子的标准基本相同。

(3)杂质　是指除净种子和其他植物种子以外的所有种子单位、其他物质及构造。包括明显不含真种子的种子单位、破裂或受损伤为原来大小的一半或不及一半的种子单位的碎片以及脱下的不育小花、空的颖片、稃壳、茎叶、球果、鳞片、果翅、树皮碎片、花、线虫瘿、真菌体、泥土、砂粒、石砾及所有其他非种子物质。

(二)材料、仪器设备准备

送验种子、净度分析台、分样器、不同孔径的套筛、放大镜、天平（感量为 0.1 g，0.01 g，0.001 g，0.1 mg）、样品容器、镊子、分样板、计算器、标签、铅笔等。

(三)资料准备

利用相关图书、教材和网络资源查找国家技术监督局发布的农作物种子检验规程 GB/T 3543.3—1995。

二、项目设计与实施

(一)项目任务设计

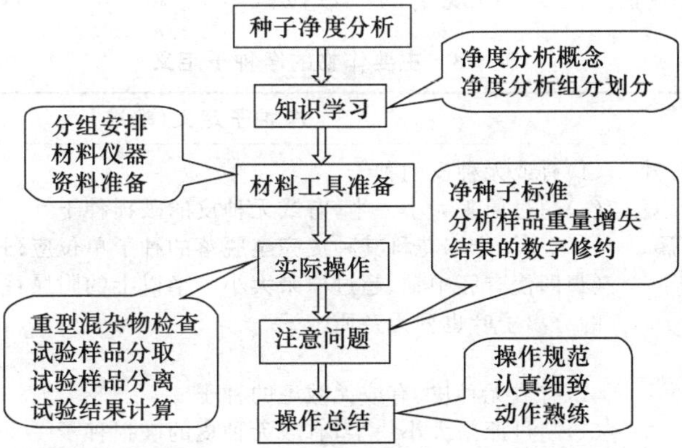

(二)项目任务实施

1. 重型混杂物检查

将送验样品置于净度分析台，在送验样品中，若有与供检种子在大小或重量上明显不同且严重影响结果的混杂物，如小石块、土块或小粒种子中混有大粒种子等，先挑出这些重型混杂物并称重，再将其分为其他植物种子和杂质并分别称重。

2. 试验样品的分取

将除去重型混杂物的送验样品用分样器法或四分法分取一份至少含 2 500 粒种子单位的重量或不少于表 5-3 所规定重量的试验样品，可用规定重量的 1 份试样，或两份半试样进行分析。试验样品必须称重，精确至表 5-7 所规定的小数位数。

表 5-7　称重与小数位数

试样及半试样及其组分重量/g	称重至下列小数位数
1.000 0 以下	4
1.000～9.999	3
10.00～99.99	2
100.0～999.9	1
1 000 或 10 000 以上	0

3. 试验样品的分离

借助筛子、放大镜、镊子等工具按净种子的定义（见表 5-8）对试验样品仔细分析，将分离后的净种子、其他植物种子、杂质分别放入相应的容器，并分别用不同感量的天平称重，精确至表 5-7 所规定的小数位数。

表 5-8　主要作物的净种子定义

作物名称	净种子定义（标准）
花生属、芸薹属、辣椒属、西瓜属、大豆属、甘薯属、番茄属、萝卜属、茄属	(1)有或无种皮的种子 (2)超过原来大小一半，有或无种皮的破损种子 (3)豆科、十字花科其种皮完全脱落的种子单位应列为杂质 (4)即使有胚中轴、超过原来大小一半以上的附属种皮，豆科种子单位的分离子叶也列为杂质
棉属	(1)有或无种皮、有或无绒毛的种子 (1)超过原来大小一半，有或无种皮的破损种子
大麦属	(1)有内外稃包着颖果的小花，当芒长超过小花长度时，须将芒除去 (2)超过原来大小一半，含有颖果的破损小花 (3)颖果 (4)超过原来大小一半的破损颖果

续表 5-8

作物名称	净种子定义(标准)
稻属	(1)有颖片、内外稃包着颖果的小穗,当芒长超过小花长度时,须将芒除去 (2)有或无不孕外稃,有内外稃包着颖果的小花,当芒长超过小花长度时,须将芒除去 (3)有内外稃包着颖果的小花,当芒长超过小花长度时,须将芒除去 (4)颖果 (5)超过原来大小一半的破损颖果
黑麦属、小麦属、小黑麦属、玉米属	(1)颖果 (2)超过原来大小一半的破损颖果
燕麦属	(1)有内外稃包着颖果的小穗,有或无芒,可附有不育小花 (2)颖果 (3)超过原来大小一半的破损颖果 注:①由两个可育小花构成的小穗,要把他们分开 ②外部不育小花的外部分地包着内部可育小花时,这样的单位不必分开 ③从着生点除去小柄 ④把仅含有子房的单个小花列为杂质
高粱属	(1)有颖片、透明状的外稃或内稃包着颖果的小穗 (2)有穗节片、花梗、芒,附有不育或可育小花 (3)有内外稃的小花,有或无芒 (4)颖果 (5)超过原来大小一半的破损颖果

4.试验结果计算

(1)核查分析过程中试样的重量增失　将各组分重量之和与原试样重量进行比较,核对分析期间物质有无增失,如果增失超过原试样重量的5%必须重做;如增失小于原试样重量的5%,则计算各组分百分率。

(2)计算各组分的重量百分率　各组分百分率的计算应以分析后各种组分的重量之和为分母。各组分重量百分率应计算到1位小数(半试样分析时计算到两位小数),百分率必须根据分析后各种成分重量的总和计算,而不是根据试验样品的原始重量计算。送验样品有重型混杂物时计算公式见表5-9。

(3)修约　各种成分的最后填报结果里应保留一位小数。各种成分之和应为100.0%,小于0.05%的微量成分在计算中应除外。如果其和是99.9%或100.1%,那么从最大值增减0.1%。如果修约值大于0.1%,那么应检查计算有无差错。

(4)填写净度分析结果记载表(表5-10)。

净度分析的结果应保留一位小数,各种组分的百分率总和必须为100.0%。若某一组分少于0.05% ,应填报“微量”。若一种组分的结果为零,须填“-0.0-”。当测定某一类杂质或某一种其他植物种子的重量百分率达到或超过1%时,该种类应在结果报告单上注明。

表5-9 送验样品有重型混杂物时净度分析结果计算公式

计算公式	备注
净种子: $P_2(\%)=P_1\times\frac{M-m}{M}$ 其他植物种子: $OS_2=OS_1\times\frac{M-m}{M}+\frac{m_1}{M}\times100\%$ 杂志: $I_2=I_1\times\frac{M-m}{M}+\frac{m_2}{M}\times100\%$	M—送验样品的重量(g); m—重型混杂物的重量(g); m_1—重型混杂物中的其他植物种子重量(g); m_2—重型混杂物中的杂质重量(g); P_1—除去重型混杂物后的净种子重量百分率(%); I_1—除去重型混杂物后的杂质重量百分率(%); OS_1—除去重型混杂物后的其他植物种子重量百分率(%)。

表5-10 净度分析结果记载表

样品编号: 作物: 品种:

重型混杂物检查:M(送验样品)= g m(重型混杂物)= g m_1= g m_2= g

	净种子	其他植物种子	杂质	重量合计	样品原重	样品增失
重量/g						
百分率/%						

(三)注意事项

1. 分析时,一定要依据净种子标准仔细分析。
2. 各组分重量之和一定要与原试样重量进行比较。
3. 各组分结果一定要进行数字修约。

(四)任务小结

1. 每组写出一份实验报告,并对本组工作作出评价。
2. 每组选一个代表在全班发言,总结实验过程得失。教师参与讨论过程并指导，对各组进行评价。

三、学习拓展

其他植物种子测定的方法：

(1)完全检验 试验样品不得小于 25 000 个种子单位的重量或表 5-3 所规定的重量。对样品逐粒进行分析鉴定，取出试样中所有的其他植物种子，并数出每个种的种子数。

(2)有限检验 检验方法同完全检验，但只限于从整个试验样品中找出送验者指定的其他植物的种子。

(3)简化检验 简化检验是用规定试样重量的 1/5(最少量)对该种进行鉴定，方法同完全检验。

结果通常折算为样品单位重量(每千克)所含的其他植物种子数。

四、讨论与巩固

1. 什么是净种子？

2. 简述净度分析的程序和方法。

任务四 种子发芽试验

一、学习准备

(一)知识准备

1. 发芽

在实验室内幼苗出现和生长达到一定阶段，幼苗的主要构造表明在田间的适宜条件下能否进一步生长成为正常的植株。

2. 发芽率

在规定的条件和时间内长成的正常幼苗数占供检种子数的百分率。

3. 正常幼苗

在良好土壤及适宜水分、温度和光照条件下，具有继续生长发育成为正常植株的幼苗。

4. 不正常幼苗

生长在良好土壤及适宜水分、温度和光照条件下，不能继续生长发育成为正常植株的幼苗。

5. 未发芽的种子

在规定的条件下，试验末期仍不能发芽的种子，包括硬实、新鲜不发芽种子、死种子（通常变软、变色、发霉，并没有幼苗生长的迹象）和其他类型（如空的、无胚或虫蛀的种子）。

6. 硬实

指那些种皮不透水的种子。如某些棉花种子，豆科的苜蓿、紫云英种子等。

7. 新鲜不发芽种子

由生理休眠所引起，试验期间保持清洁和一定硬度，有生长成为正常幼苗潜力的种子。

（二）仪器设备及试剂的准备

（1）试验材料　被测试种子。

（2）数种设备　数粒板、电子自动数粒仪等。

（3）发芽器具　发芽箱、发芽器皿、滤纸、砂子、土壤等。

（4）化学试剂　硝酸、硝酸钾、赤霉酸、双氧水等。

（5）其他工具设备　冰箱、铅笔、标签。

（三）资料准备

利用相关图书、教材和网络资源查找国家技术监督局发布的农作物种子检验规程 GB/T 3543.4—1995。

二、项目设计与实施

（一）项目任务设计

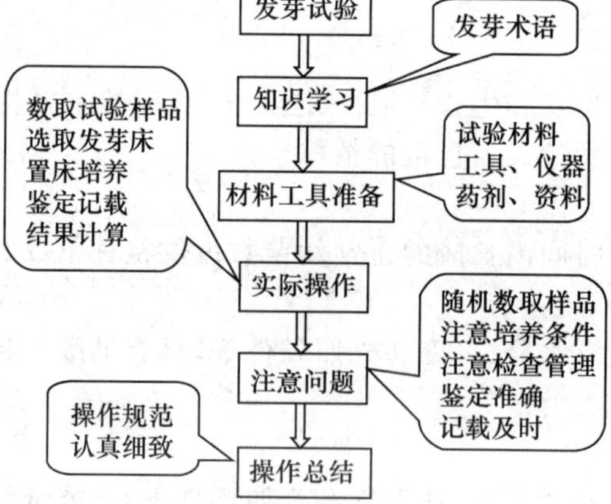

(二)项目任务实施

1. 数取试验样品

从经充分混合的净种子中,用数种设备或手工随机数取400粒种子。通常以100粒为一次重复,试验为4次重复,大粒种子或带有病原菌的种子,可以再分为50粒、甚至25粒为一次重复,试验为8次或16次重复。复胚种子单位可视为单粒种子进行试验,不需分开,但芫荽例外。

2. 选取适宜的发芽床。

发芽床就是提供给种子发芽的场所,通常有纸床、砂床或土壤三种。湿润发芽床的水质应纯净、无毒无害,pH为6.0～7.5。

①纸床 具有一定的强度、质地好、吸水性强、保水性好、无毒无菌、清洁干净,不含可溶性色素或其他化学物质。一般可以用滤纸、吸水纸等作为纸床。纸床包括纸上(TP)和纸间(BP)。纸上(TP)是将种子放在培养皿内的一层或多层纸上发芽;纸间(BP)是将种子放在两层纸中间,纸间可直接放在保湿的发芽箱盘内。

②砂床 要求砂粒大小均匀,其直径为0.05～0.80 mm。无毒无菌无种子。使用前必须进行洗涤和高温消毒。化学药品处理过的种子样品发芽所用的砂子,不再重复使用。砂床包括砂上(TS),种子压入砂的表面;砂中(S),种子播在一层平整的湿砂上,然后根据种子大小加盖10～20 mm厚度的松散砂。砂床加水为其饱和含水量的60%～80%(禾谷类等中小粒种子为60%,豆类等大粒种子为80%)

通常小粒种子选用纸床、大种子选用砂床或纸间、中粒种子选用纸床、砂床均可。

3. 置床培养

将数取的种子均匀地排在湿润的发芽床上,粒与粒之间应保持一定的距离,以防发霉种子的相互感染和保持足够的生长空间。每粒种子应良好接触水分,使发芽条件一致。

4. 贴标签

在发芽皿或其他发芽容器底盘的内侧面贴上标签,注明样品编号、品种名称、重复序号和置床日期等,然后盖好容器盖子。将贴有标签的发芽皿置于发芽箱中。

5. 检查管理

发芽期间要经常检查温度、水分和通气状况。发芽床应始终保持适量的水分;温度应保持在所需温度的±2℃范围内,当规定用变温时,通常应保持低温16 h及高温8 h。注意通气,避免因缺氧影响发芽;如发现有霉菌滋生,应及时取出洗涤去除霉菌，当发霉种子数超过 5%时，应及时更换发芽床；如发现有腐烂死亡种子，应及时将其除去并记载；有的种子需要一定的光照。

6. 观察记载

每株幼苗均应按规定的标准进行鉴定。

(1)试验持续时间　每个种的试验持续时间按《农作物种子检验规程》规定。如果样品在规定试验时间内只有几粒种子开始发芽，则试验时间可延长 7 d，或延长规定时间的一半。根据试验情况，可增加计数的次数。反之，如果在规定试验时间结束前，样品已达到最高发芽率，则该试验可提前结束。

(2)正常幼苗的种类和鉴定标准

正常幼苗　幼苗主要构造生长良好、完全、匀称和健康。因种不同，应具有：①发育良好的根系；②发育良好的幼苗中轴；③具有特定数目的子叶；④具有展开、绿色的初生叶；⑤具有一个顶芽或苗端。

带有轻微缺陷的幼苗　幼苗主要构造出现某种轻微缺陷，但在其他方面能均衡生长，并与同一试验中的完整幼苗相当。如：①初生根局部损伤或生长稍迟缓，初生根有缺陷但次生根发育良好，麦类只有一条强壮的种子根；②下胚轴、中胚轴或上胚轴局部损伤；③子叶或初生叶局部损伤，但其组织总面积的一半或一半以上仍保持着正常功能；④芽鞘从顶端开裂的长度不超过芽鞘的 1/3，芽鞘轻度扭曲或形成环状，芽鞘内的绿叶至少达到芽鞘的一半。

次生感染的幼苗　由真菌或细菌感染引起，使幼苗主要结构发病和腐烂，但有证据表明病源不来自种子本身。

(3)鉴定　在计数过程中，发育良好的正常幼苗应从发芽床中拣出，对可疑的或损伤、畸形或不均衡的幼苗，通常到末次计数。严重腐烂的幼苗或发霉的种子应从发芽床中除去，并随时增加计数。复胚种子单位作为单粒种子计数，试验结果用至少产生一个正常幼苗的种子单位的百分率表示。

7. 结果计算

试验结果以粒数的百分率表示。当一个试验的四次重复(每个重复以 100 粒计，相邻的副重复合并成 100 粒的重复)正常幼苗百分率都在最大容许差距内(表 5-10)，则其平均数表示发芽百分率。不正常幼苗、硬实、新鲜不发芽种子和死种子的百分率按四次重复平均数计算。正常幼苗、不正常幼苗和未发芽种子百分率的总和必须为 100，平均数百分率修约到最近似的整数，修约 0.5 进入最大值中。

表 5-10　同一发芽试验四次重复间的最大容许差距

(引自国家技术监督局《农作物种子检验规程》,1995)

平均发芽率/%		最大容许差距
50%以上	50%以下	
99	2	5
98	3	6
97	4	7
96	5	8
95	6	9
93～94	7～8	10
91～92	9～10	11
89～90	11～12	12
87～88	13～14	13
84～86	15～17	14
81～83	18～20	15
78～80	21～23	16
73～77	24～28	17
67～72	29～34	18
56～66	35～45	19
51～55	46～50	20

8. 填写结果记载表

填报发芽结果时,须填报正常幼苗、不正常幼苗、硬实、新鲜不发芽种子和死种子的百分率。假如其中任何一项结果为零,则将符号"-0-"填入该格中。同时还须填报采用的发芽床和温度、试验持续时间以及为促进发芽所采用的处理方法(表 5-11)。

表 5-11 发芽试验结果记载表

样品编号			置床日期		
作物名称		品种名称		每重复置床种子数	
发芽前处理		发芽床		发芽温度	持续时间

Ⅰ(种子粒数)	Ⅱ(种子粒数)	Ⅲ(种子粒数)	Ⅳ(种子粒数)
正硬新不死	正硬新不死	正硬新不死	正硬新不死

试验结果：正常幼苗%：　　硬实种子%：　　附加说明：
新鲜未发芽种子%：　　不正常幼苗%：
死种子%：

负责人：　　校核人：　　检验员：　　年　月　日

(三)注意事项

1. 数取样品要随机，不能随意挑选。
2. 注意培养条件要适宜，按时检查管理。
3. 记载鉴定要及时、准确。

(四)任务小结

1. 每组写出一份实验报告，并对本组工作作出评价。
2. 每组选一个代表在全班发言，总结实验过程得失。教师参与讨论过程并指导，对各组进行评价。

三、讨论与巩固

1. 名词解释：发芽、发芽率、正常幼苗、不正常幼苗、未发芽的种子、硬实。
2. 发芽床的种类有哪些？
3. 怎样鉴定幼苗？
4. 简述发芽试验的方法。

任务五 真实性和品种纯度鉴定

一、学习准备

(一)知识准备

1.种子真实性和品种纯度鉴定

品种的真实性是指供验品种与文件记录(如标签等)是否相符。品种纯度是指品种在特征特性方面典型一致的程度,用本品种的种子数占供验本作物样品种子数的百分率表示。品种的真实性和纯度是保证品种遗传特性的前提,是正确评价种子质量的重量指标,在种子生产过程中具有重要的意义。

2.种子真实性和品种纯度的鉴定方法

(1)种子鉴定 借用体视显微镜、扩大镜、解剖镜等仪器和相关试剂,对种子进行形态、生理及细胞学的检查及化学测定。

①形态鉴定法 根据种子的形态特征,对种子进行逐粒观察其真实性,必须备有标准样品或鉴定图片和有关资料。

②快速测定法 利用化学药剂的反应,观察种子的变化情况以鉴定种子的真实性和品种纯度。

(2)幼苗鉴别 在培养箱中,诱导种子发育为幼苗以鉴别性状。随机从送验样品中数取400粒种子,鉴定时须设重复,每重复为100粒种子。在培养室或温室中可以用100粒,二次重复。幼苗鉴定可以通过两个主要途径:一种途径是提供给植株以加速发育的条件(类似于田间小区鉴定,只是所需时间较短),当幼苗达到适宜评价的发育阶段时,对全部或部分幼苗进行鉴定;另一种途径是让植株生长在特殊的逆境条件下,测定不同品种对逆境的不同反应来鉴别不同品种。

(3)田间小区种植鉴定 在作物生长发育的各个阶段与标准样品进行比较以鉴定品种的真实性。田间小区种植是鉴定品种真实性和测定品种纯度的最为可靠、准确的方法。对照的标准样品为栽培品种提供全面的系统的品种特征特性的现实描述,最好是育种家种子。为使品种特征特性充分表现,试验的设计和布局上要选择气候环境条件适宜的、土壤均匀、肥力一致,前茬无同类作物和杂草的田块,并有适宜的栽培管理措施。

(二)仪器设备准备

仪器设备随方法的差异而不同。

(1)种子形态鉴定　数粒板、放大镜、体视显微镜、解剖镜、样品容器、培养皿、滤纸、标准样品(或图片)、化学试剂、铅笔等。

(2)幼苗鉴定　生长箱

(3)田间小区种植鉴定　需具有能使鉴定性状正常发育的气候、土壤及栽培条件,并对防治病虫害有相对的保护措施。

(三)资料准备

利用相关图书、教材和网络资源查找国家技术监督局发布的农作物种子检验规程 GB/T 3543.5—1995。

二、项目设计与实施

(一)项目任务设计

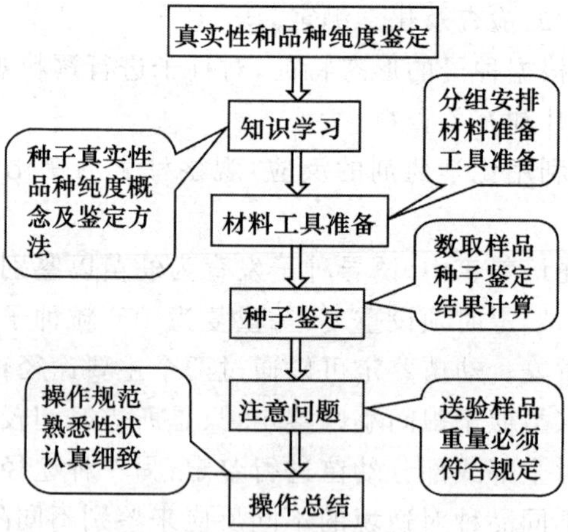

(二)项目任务实施

首先按前述取样方法分取一定的送验样品,最小重量应符合规定,见表 5-12。然后按不同的方法进行鉴定。

表 5-12 品种纯度测定的送验样品的重量 g

种类	限于实验室测定	田间小区及实验室测定
豌豆属、菜豆属、蚕豆属、玉米属、大豆属及种子大小类似的其他属	1 000	2 000
水稻属、大麦属、燕麦属、小麦属、黑麦属及种子大小类似的其他属	500	1 000
甜菜属及种子大小类似的其他属	250	500
所有其他属	100	250

1. 形态鉴定法

①随机从送验样品中数取 400 粒种子，鉴定时须设重复，每个重复不超过 100 粒种子；

②根据种子的形态特征，与标准样品相对照，必要时可借助放大镜等进行逐粒观察；如小麦种子根据籽粒形状、籽粒长度、籽粒颜色、籽粒质地及稃毛等性状；水稻种子根据谷粒形状、长宽比、大小、稃壳和稃尖色、稃毛长短、稀密、柱头夹持率等。

③进行结果计算并填写试验结果报告单

$$品种纯度=\frac{供检种子粒数(幼苗数)-异品种种子粒数(幼苗数)}{供检种子粒数(幼苗数)}\times 100\%$$

(2)快速测定法(以小麦为例)

①随机从送验样品中数取 400 粒小麦种子，鉴定时须设重复，每个重复不超过 100 粒种子；

②将小麦种子浸泡在清水中 24 h，用滤纸吸干表面水分；

③用 1% 苯酚试剂湿润滤纸后置于培养皿中，将浸泡后的小麦种子腹沟朝下置于滤纸上，在室温下保持 4 h；

④鉴定小麦染色情况。通常颜色分为浅色、淡褐色、褐色、深褐色和黑色五级。将与基本颜色不同的种子取出作为异品种。

⑤进行结果计算，同上述小麦种子形态鉴定法。

(三)注意事项

1. 熟悉鉴定标准。

2. 送验样品重量必须符合规定。

(四)任务小结

1. 每组写出一份实验报告，并对本组工作作出评价。

2. 每组选一个代表在全班发言，总结实验过程得失。教师参与讨论过程并指导，对各组进行评价。

三、讨论与巩固

1. 名词解释：种子真实性、品种纯度鉴定。
2. 种子真实性和品种纯度的鉴定方法有哪些？
3. 怎样快速鉴定种子的品种纯度？

任务六　水分测定

一、学习准备

(一)知识准备

1. 水分测定

种子水分就是指种子的含水量，它是按规定程序把种子样品烘干所失去的重量，占供试样品原始重量的百分率。通过对送验样品种子水分的测定，为种子安全贮藏、运输等提供依据。

2. 种子水分测定的方法

(1)低恒温烘干法　将样品放置在(103±2)℃的烘箱内烘干 8 h。该水分测定法适用于葱属、花生、芸薹属、辣椒属、大豆、棉属、萝卜、蓖麻、芝麻、茄子等作物种子。在测定时，必须保证相对湿度在 70％以下的室内进行。

(2)高恒温烘干法　将样品放置在 130～133℃的烘箱内烘干 1 h。适用于芹菜、石刁柏、燕麦属、甜菜、西瓜、甜瓜属、南瓜属、胡萝卜、大麦、莴苣、苜蓿属、番茄、烟草、水稻、菜豆属、豌豆属、小麦属、菠菜、玉米。

3. 必须磨碎的种子种类及磨碎细度(表 5-13)。

表 5-13　必须磨碎的种子种类及磨碎细度

(引自国家技术监督局《农作物种子检验规程》,1995)

作物种类	磨碎细度
燕麦属　水稻　甜荞　苦荞　黑麦高粱属 小麦属　玉米	至少有 50%的磨碎成分通过 0.5 mm 筛孔的金属丝筛,而留在 1.0 mm 筛孔的金属丝筛子上不超过 10%
大豆　菜豆属　豌豆　西瓜　巢菜属	需要粗磨,至少有 50%的磨碎成分通过 4.0 mm 筛孔
棉属　花生　蓖麻	磨碎或切成薄片

(二)仪器设备准备

电热恒温干燥箱、电动粉碎机、天平(感量达到 0.001 g)、样品盒、干燥器和洗净烘干的磨口瓶、称量匙、粗纱线手套、毛笔、坩埚钳、标签等

(三)资料准备

利用相关图书、教材和网络资源查找国家技术监督局发布的农作物种子检验规程 GB/T 3543.6—1995。

二、项目设计与实施

(一)项目任务设计

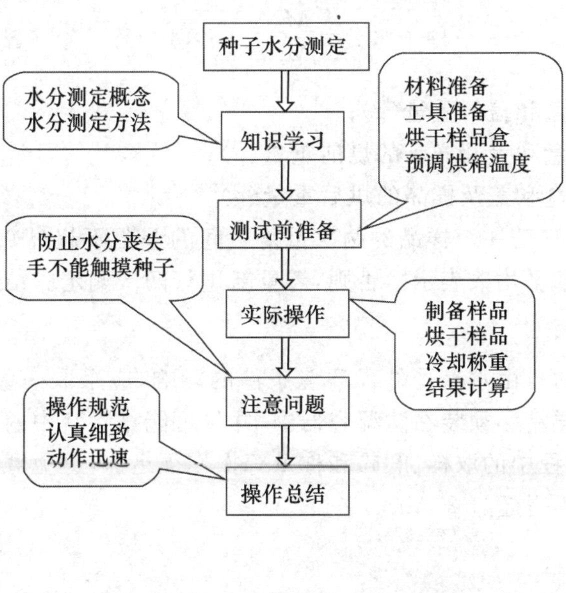

(二)项目任务实施

现以小麦种子为例说明种子水分测定任务的实施。

1.分组安排、准备材料工具

根据种子、仪器的实际情况和人员数量进行分组,准备相关材料工具。

2.水分测定试验实施

采用高温烘干法

(1)测试前准备　将待用铝盒(含盒盖)洗净后置于130℃的烘箱内烘干、冷却、称重、记下盒号。

(2)预调烘箱温度　将电烘箱的温度调节到140～145℃进行预热,之后让其稳定在,在130～133℃。

(3)制备样品　先将密闭容器中的送验样品充分混合,从中分别取出两个独立的试验样品15～25 g,磨碎至相应细度,充分混合后从中取试样2份,分别放入铝盒内进行称重,每份试样重4.500～5.000 g,记下盒号、盒重和样品的实际重量。

(4)烘干样品　将盛有样品的铝盒立即放入预先调好温度的烘箱的上层(距温度计水银球约2.5 cm处),样品盒盖套于盒底,迅速关闭烘箱门,当箱内温度回升至130℃时开始计时。

(5)冷却称重　1 h后,戴好纱线手套,打开箱门,迅速盖上盒盖,取出铝盒放入干燥器内冷却到室温后称重。

(6)结果计算　根据烘后失去水的重量计算种子水分百分率,保留1位小数。计算公式如下:

$$种子水分=\frac{M_2-M_3}{M_2-M_1}\times 100\%$$

M_1——样品盒和盖的重量(g);

M_2——样品盒和盖及样品的烘前重量(g);

M_3——样品盒和盖及样品的烘后重量(g)。

(7)结果报告　若一个样品的两次重复之间的差距不超过0.2%,其结果可用两次测定值的算术平均数表示。否则,需重新进行两次测定。结果精确到0.1%。

(三)注意事项

由于种子中的自由水易受外界环境条件的影响,应采取一些措施尽量防止水分的丧失。送验样品必须装在防湿容器中,并尽可能排除其中的空气,样品接收后立即测定,测定过程中的取样、磨碎和称重等操作须迅速,避免磨碎蒸发水分等,这一过程所需时间不得超过2 min。

取样时不能直接用手触摸种子，应该用勺或铲子。

(四)任务小结

1. 每组写出一份实验报告，并对本组工作作出评价。

2. 每组选一个代表在全班发言，总结实验过程得失。教师参与讨论过程并指导，对各组进行评价。

三、讨论与巩固

1. 测定种子水分的方法有哪些？

2. 简述高温烘干法测定种子水分的程序和方法。

项目六　种子处理与加工技术

【学习目标】

1. 了解种子处理的一般方法及包衣技术；
2. 熟悉种子加工一般流程；
3. 熟悉种子清选精选设备；
4. 熟悉种子干燥原理和设备；
5. 能够根据物料条件、种子加工要求制定种子加工工序。

【工作任务描述】

种子处理与加工是提高种子质量，规范用种，合理用种，实现种子标准化的重要过程和手段，使用各类种子加工设备按照一定的处理方法和流程对种子进行处理和加工是现代种子生产的重要环节。

【思维导图】

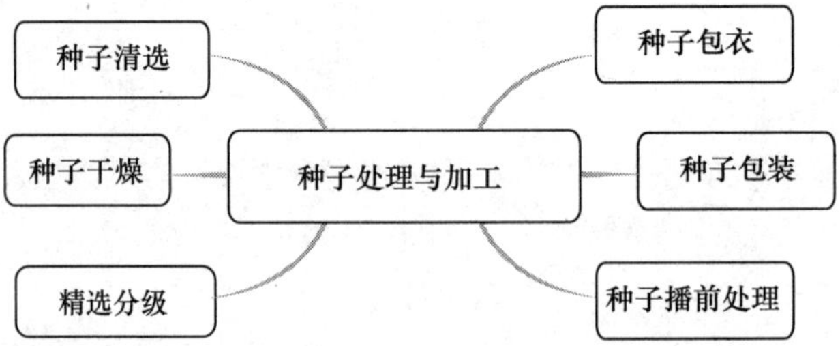

任务一　种子处理技术

一、学习准备

种子处理是指在种子收获后到播种前，采用各种有效的处理，包括杀菌消毒、温汤浸种，肥料浸拌种、微量元素处理、低温层积、生长调节剂处理和包衣等强化过程。其主要目的有：防止种子携带和土壤中的病虫害，保护种子正常发芽和出苗生长。提高种子对不利土壤和气候条件的抗逆能力。提高种子的耐藏性，防止种子劣变。改变种子大小和形状，便于机械播种。增强种子活力，促进全苗、壮苗，提高作物产量和改善产品质量。种子处理方法有种子普通处理方法和种子包衣两类。

二、项目设计与实施

(一)项目任务设计

种子包衣操作(丸化)

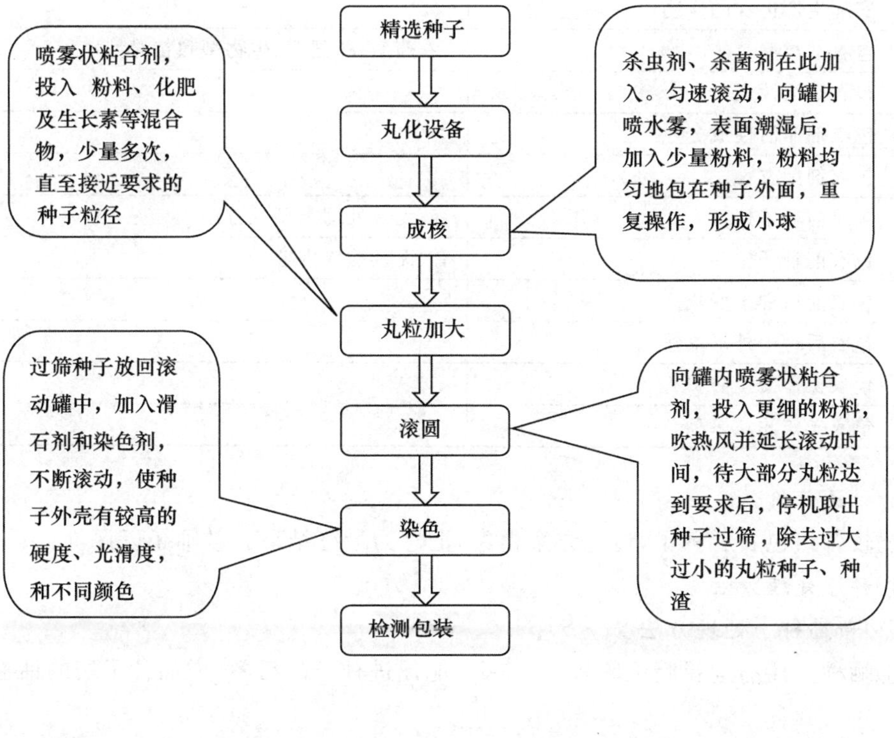

(二)学生模仿设计

1.讨论并确定当地1～2种主要农作物种子作为包衣对象。

2.通过多种信息渠道查询该种作物种子包衣要解决的问题。

3.选定一种包衣类型后分组讨论确定包衣配方及操作工序(含物质准备)。落实为本组包衣方案。

4.全班分组讲解本组方案,全班讨论评价后作为本组最后定案。

(三)项目任务实施

1.物质准备

包衣机、作物种子、包衣剂、安全防护设施及物品、各种容器。

2.分组操作

按照前述分组和方案进行包衣操作并完成表6-1。

表6-1 种子包衣操作工序

包衣机械名称型号	
包衣机械类型	(包膜、丸化、多用途)
适用作物	
实际生产包衣的作物	
包衣剂类型	(农药型、药肥型、生物型和特异型)
包衣剂活性成分	
包衣剂非活性成分	
包衣剂配方	
包衣前种子处理	有、无及处理类型及方法
包衣前种子检验	有、无及检验内容
包衣前后种子变化	
包衣后种子外形描述	
包衣操作安全防护	
包衣操作注意事项	

3.讨论评价

比较各组包衣后种子,讨论方案得失,汇总为最终结果。教师予以评价。

4.种子处理方法

(1)普通种子处理方法

①晒种　播前选择晴天晒种2～3 d。能促进种子的后熟,增加种子酶的活性,

同时能降低水分、提高种子发芽势和发芽率，还可以杀虫灭菌，减轻病虫害的发生。

②温汤浸种　用较高温度杀死种子表面和潜伏在种子内部的病菌，并兼有促进种子萌发的作用。例如：水稻种子先在冷水中浸种 24 h，然后在 40～45℃的温水中浸 5 分钟，再放入 54℃的温水中，保持水温 52℃左右，浸 10 min，捞出晾干播种。

③药剂处理

a. 药剂浸(拌)种　药剂浸种是指用药剂浸种或拌种防治病虫。不同作物的种子上所带病菌不同，处理时应合理选用药物，并严格掌握药剂浓度和处理时间。

b. 棉籽的硫酸脱绒　利用人工或者机械对棉籽硫酸脱绒。

④生长调节剂处理种子

a. 赤霉素处理　许多种子经处理后可提早萌发出苗，并有不同程度的增产效果。赤霉素处理种子的浓度一般为 10～250 mg/kg，时间以 12～24 h 为宜。

b. 生长素处理　常用的生长素有吲哚乙酸(IAA)、萘乙酸(NAA)、2,4-D，用 5～10 mg/kg 浓度浸种效果最好。能促使种子萌发，增加发芽势。

c. 矮壮素和胡敏酸钠处理　如矮壮素后闷种可提高产量。用胡敏酸钠溶液(1～10 mg/kg)浸种，能够加快萌发出苗，并提早成熟。

d. 三十烷醇处理　用 0.01～0.1 mg/kg 的溶液浸种，能促使种子萌发，提高发芽势和发芽率。

⑤肥料浸拌种

a. 菌肥处理　常用的有根瘤菌、固氮菌处理。如大豆，用根瘤菌粉剂拌种，能促使根瘤菌较快形成。

b. 人尿浸种　利用充分发酵后的人尿浸种。应严格控制浸种时间，一般 2～4 h为宜。

c. 肥料拌种　常用的肥料主要有硫酸铵、过磷酸钙、骨粉等。硫酸铵拌种可促进幼苗生长，增强抗寒能力。

⑥微量元素处理　目前广泛施用的微肥有硼、铜、锌、锰、钼。微肥元素浓度的高低直接影响处理效果。不同种子对浸种时间长短要求不一。因而处理前应做好预备试验，确定最佳浓度时间。

(2)种子包衣

①种子包衣　种子包衣是指利用黏着剂或成膜剂，将杀菌剂、杀虫剂、微肥、植物生长调节剂、着色剂或填充剂等非种子材料包裹在种子外面，以达到使种子成球形或基本保持原有形状，提高抗逆性、抗病性，加快发芽，促进成苗，增加产量，提高种子质量的一项种子新技术。

②种子包衣方法　目前种子包衣方法主要分为两类：

a. 种子丸化　指利用黏着剂，将杀菌剂、杀虫剂、染料、填充剂等非种子物质黏着在种子外面。通常做成在大小和形状上没有明显差异的球形单粒种子单位。这种方法主要适用小粒农作物、蔬菜等种子，有利于精量播种。种子的体积和重量都有增加。

b. 种子包膜　指利用成膜剂，将杀菌剂、杀虫剂、微肥、染料等非种子物质包裹在种子外面，形成一层薄膜。包膜后，基本上像原来种子形状，但其大小和重量因种衣剂类型有所变化。一般适用大粒和中粒种子。如玉米、棉花、大豆、小麦等作物种子。

③种衣剂的类型　目前种衣剂按其组成成分和性能的不同，可分为农药型、复合型、生物型和特异型等类型。

a. 农药型　种衣剂中主要成分是农药。主要目的是防治种子和土壤病害。

b. 复合型　种衣剂中的化学成分包括有农药、微肥、植物生长调节剂或抗性物质等组成。满足防病、提高抗性和促进生长等多种目的。

c. 生物型　根据生物菌之间拮抗原理，筛选有益的拮抗根菌，以抵抗有害病菌的繁殖、侵害而达到防病的目的。

d. 特异型　特异型种衣剂是根据不同作物和目的而专门设计的种衣剂类型。如为水稻旱育秧而设计的高吸水种衣剂。

④种衣剂配合成分　目前使用的种衣剂成分主要有以下两类：

a. 有效活性成分　该成分是对种子和作物生长发育起作用的主要成分。如用于杀死种子上的病菌和土壤病菌的农药呋喃丹、甲胺磷、辛硫磷、多菌灵、五氯硝基苯、粉锈宁。油菜种子包衣加硼防止油菜缺硼形成花而不实。

b. 非活性成分　包括成膜剂、悬浮剂、抗冻剂、防腐剂、酸度调整剂、胶体保护剂、渗透剂、黏度稳定剂、扩散剂和警戒色染剂等。如种子丸化的黏着剂阿拉伯胶、淀粉、羟甲纤维素。作为填充剂的黏土、硅藻土、蛭石等。此外着色剂可作识别种子的标志，也可作为警戒色，防止鸟雀取食。

⑤种子包衣机械　根据种子包衣方法的不同，可将种子包衣机分为种子丸化包衣机、种子包膜包衣机和多用途包衣机等。包衣的种子应是经过精选后加工、种子水分含量符合安全贮藏水分的种子。在包衣前确认种子的净度、发芽率、含水率是否合乎要求。在包衣处理后，也应当按照种子检验规程进行发芽试验。

三、讨论与巩固

1. 种子包衣剂的类型及特点。

2. 种子包衣机械的类别及作用。

3. 种子包衣的类别及适用对象。

4. 种子处理的一般方法有哪些？

任务二　种子加工技术

一、知识准备

种子加工是指从收获到播种前对种子所采取的各种处理，包括种子干燥、种子清选、种子包衣、种子包装等一系列工序。以达到提高种子质量，保证种子安全贮藏，促进田间成苗及提高产量的要求。种子加工内容包括种子清选、干燥、精选分级，种子包衣，种子播前处理，定量或定数包装等加工程序，即把新收获的种子加工成为商品种子的工艺过程。通过种子加工，提高种子净度、发芽力、品种活力，降低种子水分，提高耐藏性，抗逆性、种子用价、种子价值和商品特性。

二、项目设计与实施

（一）项目任务设计

玉米种子加工工艺流程

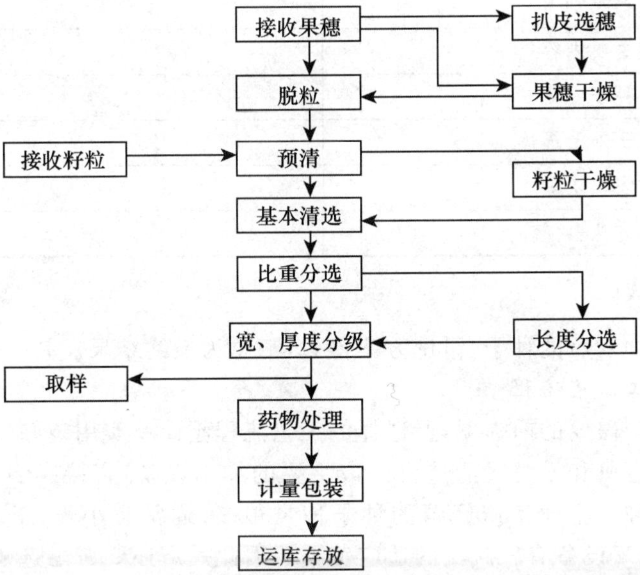

(二)学生模仿设计

(1)讨论并确定当地 1～2 种主要农作物种子作为加工对象。

(2)通过多种信息渠道查询该种作物种子加工要解决的问题。

(3)分组讨论确定加工操作工序(含物质准备)。

(4)全班分组讲解本组方案,全班讨论评价后作为本组最后定案。

(三)项目任务实施

1. 物质准备

种子加工机械、作物种子、安全防护设施及物品、各种容器。

2. 分组操作

按照前述分组和方案进行加工操作并完成表格。

加工机械名称型号	
加工机械类型	
适用作物	
实际生产的作物	
种子清选和精选方法	
种子干燥方法及技术指标	
种子包装方法	
种子包装物类别	
包装标签主要内容	
加工前后种子变化	
加工后种子外形描述	
加工操作安全防护	
加工操作注意事项	

3. 讨论评价

比较各组加工后的种子,讨论方案得失,汇总为最终结果。教师予以评价。

4. 种子加工工艺流程

在满足生产需要的前提下,所选择的工艺流程越简单实用越好(图 6-1)。一般来说风筛式清选机和重力式清选机是最主要的加工设备,直接影响加工后种子的质量。大部分种子企业生产经营的种子种类很多,通常有小麦、玉米、瓜类、蔬菜等,所以要求加工设备有较广泛的适应范围。因此一定还要考虑选购足够的附件,筛片、窝眼筒、台面等。

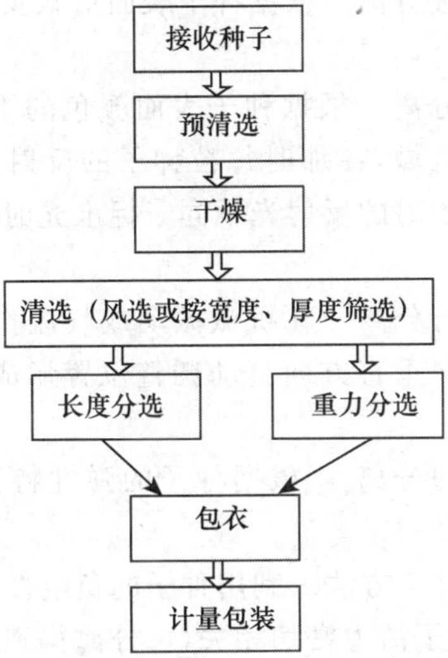

图 6-1　种子加工基本工艺

(1)种子清选、精选原理(图 6-2,图 6-3)

①利用种子的尺寸特性分离　依据种子的外部形状和尺寸大小进行筛选。长孔筛按照种子厚度分级,圆孔筛按照种子宽度进行分选,窝眼筒按照种子长度分离。筛片孔型和大小是影响分选的重要因素。

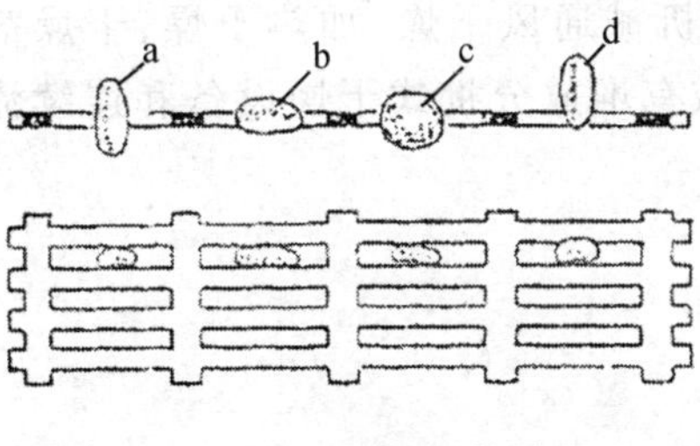

图 6-2　长孔筛清选谷粒的原理

a. b. c 为谷粒厚度小于筛孔宽度(能通过筛孔)

d. 为谷粒厚度大于筛孔宽度(通不过筛孔)

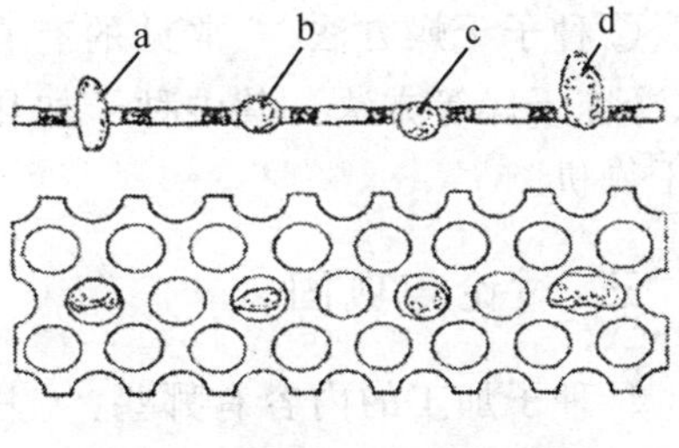

图 6-3　圆孔筛清选谷粒的原理

a. b. c 为谷粒宽度小于筛孔宽度(能通过筛孔)

d. 为谷粒宽度大于筛孔宽度(通不过筛孔)

②利用种子的空气动力学特性分离　按照种子和混杂物与气流相对运动时受到的作用力不同进行分离。如人工扬场、木风车、带式扬场机、吸气式或压气式气流清选机、倾斜气流清选机、旋风式清选机等就是利用这种方法分离。

③利用种子的表面特性分离　根据种子表面形状及粗糙等不同情况对摩擦系数的差异进行分离。

④利用种子色泽进行分离　根据种子表面颜色的不同，对种子进行分离。当种子通过一段照明的光亮区域，在那时每粒种子的反射光与事先在背景上选择好的标准光进行对比。当种子对的反射光不同于标准光时，即产生信号，进而被排斥出种子群体。

⑤根据种子的密度进行分离　在机械振动或气流作用下，种子颗粒会按物理特性（密度、粒径）的差异，在垂直方向自动调整位置形成有序排列，从而达到分离的目的。

⑥利用种子弹性特性的分离　根据种子的弹性特征和表面形状的差异分离种子与杂质。

⑦利用种子负电性的分离方法　利用种子的负电性进行分选，种子劣变后，负电性增加，其分选结果与种子活力密切相关，可分离得到高活力种子。

（2）种子干燥　种子水分高则呼吸强度大，由此放出大量的热量和水分，使种子发热霉变、致死。及时干燥能防止种子蒸死、霉变、虫蛀和冻害，保持种子的活力，确保安全包装、贮藏、运输和使用。种子干燥与种子的传湿力，种子干燥的介质以及种子周围空气特性有关。

①种子干燥原理　种子干燥是通过干燥介质给种子加热，利用种子内部水分不断向表面扩散和表面水分不断蒸发来实现的。影响种子干燥的因素有环境相对湿度、温度、气流速度、种子本身生理状态和化学成分

②种子干燥方法　常见的有自然干燥、机械通风干燥、加热干燥、干燥剂干燥、冷冻干燥等方法。其中种子加热干燥机械有堆放分批式干燥设备和连续流动式干燥机。

三、讨论与巩固

1. 种子加工的内容有哪些？
2. 种子加工的一般流程。
3. 说一说你知道的种子包装方式。
4. 为什么要进行种子干燥？种子干燥的一般方法有哪些？

项目七　种子贮藏技术

【学习目标】

1. 掌握种子呼吸特性；
2. 了解主要仓储害虫及微生物的种类、危害及防治方法；
3. 理解种子贮藏期间的变化及其变化对种子贮藏管理的指导意义；
4. 熟悉种子管理过程中的注意事项；
5. 掌握主要农作物种子的贮藏管理技术。

【工作任务描述】

任何一种植物种子采收以后生活力的保持和寿命的延长都取决于贮藏条件，而其中最主要的是温度、水分及通气状况这三个因素，其次是病虫的为害。在贮藏过程中影响种子寿命的各个因素都是相互配合、相互制约的，其中某一个因素发生了变化，都会对种子的贮藏效果带来一定程度的影响。因此，要想提高贮藏效果，延长种子寿命，就要以三个主要影响种子贮藏因素（温度、湿度、通气条件）为主，创造出各种因素最佳配合的贮藏方法。

【思维导图】

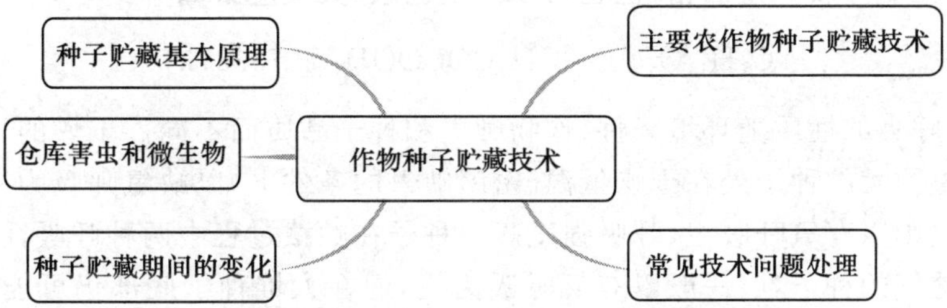

任务 种子贮藏技术

一、学习准备

种子贮藏基本原理

种子从收获至播种前需经或长或短的贮藏阶段。种子在贮藏期间发生的生理生化变化，直接影响种子的安全贮藏。

(一)种子呼吸

种子是活的有机体，每时每刻都在进行着呼吸作用，即使是非常干燥或处于休眠状态的种子，呼吸作用仍在进行，但强度减弱。种子的呼吸作用与种子的安全贮藏有非常密切的关系，因此，了解种子的呼吸及其各种影响因求，对控制呼吸作用和做好种了贮藏工作有重要的实践意义。

1. 种子呼吸的性质

种子的呼吸类型分有氧呼吸和无氧呼吸两种。有氧呼吸也即通常所指的呼吸作用，其过程可以简括如下：

$$C_6H_{12}O_6 + 6O_2 \longrightarrow 6CO_2 + 6H_2O + 2870.22kJ$$

无氧呼吸一般指在缺氧条件下，细胞把种子贮存的某些有机物分解成不彻底的氧化产物，同时释放能量的过程。反应式如下：

$$C_6H_{12}O_6 \longrightarrow 2C_2H_5OH + 2CO_2 + 100.42kJ$$

一般无氧呼吸产生酒精，但也可以产生乳酸，其反应式如下：

$$C_6H_{12}O_6 \longrightarrow 2CH_3COCOOH + 75.31kJ$$

种子呼吸的性质随环境条件、作物种类和种子品质而不同。干燥的、果种皮紧密的、完整饱满的种子处在干燥低温、密闭缺氧的条件下，以缺氧呼吸为主，呼吸强度低；反之则以有氧呼吸主，呼吸强度高。种子在贮藏过程中两种呼吸往往同时存在，通风透气的种子堆，一般以有氧呼吸为主，但在大堆种子底部仍可能发生缺气呼吸。若通气不良，氧气供应不足时，则缺氧呼吸优势。含水量较高的种子堆，由于呼吸旺盛，堆内种温升高，如果通风不良，便会产生乙醇，类物质在种子堆内积累过多，往往会抑制种子正常呼吸代谢，甚至使胚中毒死亡。

2.影响种子呼吸强度的因素

种子呼吸强度的大小，因作物、品种、收获期、成熟度、种子大小、完整度和生理状态而不同，同时还受环境条件的影响，其中水分、温度和通气状况的影响更大。

(1)水分 呼吸强度随着种子水分的提高而增强。潮湿种子的呼吸作用很旺盛，干燥种子的呼吸作用则非常微弱。因为酶类随种子水分的增加而活化，把复杂的物质转变为简单的呼吸底物。所以种子内的水分愈多，贮藏物质的水解作用愈快，呼吸作用愈强烈，氧气的消耗量愈大，放出的二氧化碳和热量愈多。禾谷类作物种子的安全水分，在温度 0～30℃，温度一般以 0℃为起点，水分以 18%为基点，以后温度每增高 5℃，种子的安全水分就相应降低 1%。在我国多数地区，水分不超过 14%～15%的禾谷类作物种子，可以安全度过冬、春季；水分不超过 12%～13%可以安全度过夏、秋季。

(2)温度 在一定温度范围内种子的呼吸作用随着温度的升高而加强。一般种子处在低温条件下，呼吸作用极其微弱，随着温度升高，呼吸强度不断增强，尤其在种子水分增高的情况下，呼吸强度随着温度升高而发生显著变化，但这种增长受一定温度范围的限制。几种水分不同的小麦种子，呼吸强度在 0～55℃逐渐增强，温度超过 55℃，呼吸强度又急剧下降。由此可见，水分和温度都是影响呼吸作用的重要因素，两者互相制约。干燥的种子即使在较高温度的条件下，其呼吸强度要比潮湿的种子在同样温度下低得多；而潮湿种子在低温条件下的呼吸强度比在高温下低得多。因此干燥和低温是种子安全贮藏和延长种子寿命的必要条件。

(3)通气 空气流通的程度可以影响呼吸强度与呼吸方式。高水分种子，若处于密闭条件下贮藏，由于旺盛的呼吸，很快会把种子堆内部间隙中的氧气耗尽，而被迫转向缺氧呼吸，结果引起大量氧化不完全的物质积累，导致种子迅速死亡。因此，高水分种子，尤其是呼吸强度大的油料作物种子要特别注意通风。水分不超过临界水分的干燥种子，由于呼吸作用下常微弱，对氧气的消耗很慢，即使在密闭条件下，也能长期保持种子生活力。在密闭条件下，种子发芽率随着其水分提高而逐渐下降。

通气对呼吸的影响还和温度有关。种子处在通风条件下，温度愈高，呼吸作用愈旺盛，生活力下降愈快；生产上为有效地长期保持种子生活力，除干燥、低温外，进行合理的密闭或通风是必要的。

(4)化学物质 二氧化碳、氧气、氮气以及农药等气体对种子呼吸作用也有明显影响，浓度高时往往会影响种子的发芽率。例如，种子间隙中二氧化碳浓度积累至 12%时，就会抑制小麦和大豆的呼吸作用；若提高小麦水分，在二氧化碳含 7%

时就有抑制作用。目前，有些粮食部门采用脱氧充氮或提高二氧化碳浓度等方法保管粮食，既可杀虫灭菌，在一定程度上也抑制粮食的呼吸作用。

(5)种子本身状态　种子的呼吸强度还受种子本身状态的影响。凡是未充分成熟的、不饱满、损伤的、冻伤的、发过芽的、小粒的和大胚的种子，呼吸强度都高；反之，呼吸强度就低。因为未成熟、冻伤、发过芽的种子含有较多的可溶性物质，酶的活性也较强，损伤、小粒的种子接触空气面较大，大胚种子则由于胚部活细胞所占比例较大，呼吸强度有所升高。

从上可知，种子入仓前应该进行清选分级，剔除杂质、破碎粒、未成熟粒、不饱满粒与虫蚀粒，把不同状态的种子进行分级，以提高贮藏稳定性。凡受冻、虫蚀过的种子不能作种用，而对大胚种子、呼吸作用强的种子，贮藏期间要特别注意干燥和通气。

(二)种子仓库害虫和微生物

种子贮藏期间仓库害虫和微生物是影响种子活力和生活力的重要因素，严重时会使贮藏的种子完全失去利用价值。仓库害虫还以种子为食料，直接造成种子数量的损失，因此要充分掌握种子仓库害虫和微生物的为害特性，以便及时进行防治。

1. 仓库害虫

(1)仓库害虫种类　仓库害虫简称“仓虫”。广义上讲是指一切为害贮藏物品的害虫。仓库害虫的种类繁多，根据报道国内现已知仓库害虫约 254 种，分属 7 目 42 科。全世界已知仓库害虫约 492 种，分布于 10 目 59 科。为害贮藏种子的害虫主要有玉米象、米象、谷蠹、赤拟谷盗、锯谷盗、大谷盗、蚕豆象、豌豆象、麦蛾等十余种。

①玉米象　成虫个体大小因食料条件不同而差异较大，一般体长 2.3～4 mm，体呈圆筒形，暗赤褐色至黑褐色。头部向前伸，呈象鼻状。触角 8 节，膝形。有前后翅，后翅发达，膜状，能飞。

②米象　食性和形态特征与玉米象相近。米象的生活习性一般同玉米象。一年可发生 4～12 代。米象的耐寒力、繁殖力及野外发生等方面不如玉米象。在 5℃ 条件下，可以过 21 d 就开始死亡。

③麦蛾　成虫体长 4～6 mm，展翅宽 12～15 mm，生于玉米内的体长可达 8 mm，展翅宽可达 20 mm。头、胸部及足呈银白色略带淡黄褐色，前翅竹叶形，后翅菜刀形，翅的外缘及内缘均生有长的缘毛。腹部灰褐色。幼虫体长 5～8 mm，头部小，淡黄色，其余均为乳白色。有短小胸足三对，腹足退化，仅剩一小突起，末端有微小的褐色趾钩 1～3 个。

(2)仓库害虫的传播途径　仓库害虫的传播方法与途径是多种多样的。随着人类生产、贸易、交通运输事业的不断发展,仓虫的传播速度更快,途径也更复杂化。为了更好地预防和消灭仓虫,阻止它们的发生和蔓延,有必要了解它们的活动规律和传播途径。仓库害虫的传播途径大致可以分为自然传播和人为传播。

(3)仓库害虫防治　仓虫防治是确保种子安全贮藏,保持较高的活力和生活力的极为重要的措施之一。防治仓虫的基本原则是"安全、经济、有效",防治上必须采取"预防为主,综合防治"的方针,防是基础,治是防的具体措施,两者密切相关。综合防治是将一切可行的防治方法,尤其是生物防治和化学防治统一于防治计划之中,以便消灭仓库生态系统中的害虫,确保种子的安全贮藏,并力求避免或减少防治措施本身在经济、生态、社会等方面造成不良后果。

2.种子微生物及其控制

种子微生物是寄附在种子上的微生物的通称,其种类繁多,它包括微生物中的一些主要类群:细菌、放线菌、真菌类中的霉菌、酵母菌和病原真菌等其中和贮藏种子关系最密切的主要是真菌中的霉菌,其次是细菌和放线菌。

(1)微生物与种子霉变　微生物在种子上活动时,不能直接吸收种子中各种复杂的营养物质,必须将这些物质分解为可溶性的低分子物质,才能吸收利用而同化。所以,种子霉变的过程,就是微生物分解和利用种子有机物质的生物化学过程。一般种子都带有微生物,但不一定就会发生霉变,因为除了健全的种子对微生物的为害具有一定的抗御能力外,贮藏环境条件对微生物的影响是决定种子是否对变的关键。环境条件有利于微生物活动时,霉变才可能发生。

由于微生物的作用程度不同,在种子霉变过程中,可以出现各种症状,如变色、变味、发热、生霉以及腐烂等。其中某些症状出现与否,决定于种子霉变程度和当时贮藏条件。如种子(特别是含水量高时)霉变时,常常出现发热现象,但如种子堆通风良好,热觉能及时散发,而不大量积累,种子虽已严重霉变,也可不出现发热现象。种子霉变,一般分为三个阶段:初期变质阶段;中期生霉阶段;后期霉烂阶段。

①初期变质阶段　初期变质阶段是微生物与种子建立腐生关系的过程。种子上微生物,在环境适宜时,便活动起来,利用其自身分泌的酶类开始分解种子,破坏籽粒表面组织,而浸入内部,导致种子的"初期变质"。此阶段可能出现的症状有:种子逐渐失去原有的色泽,接着变灰发暗;发出轻微的异味;种子表面潮退,有"出汗""返潮"现象,散落性降低,用手插入种堆有湿涩感;籽粒软化,硬度下降;并可能有发热趋势。

②中期生霉阶段　中期生霉阶段是微生物在种子上大量繁殖的过程。继初期变质之后,如种堆中的湿热逐步积累,在籽粒胚部和破损部分开始形成菌落,而后

可能扩大到籽粒的一部或全部。由于一般霉菌菌落多为毛状或绒状，所以通常所说种子的“生毛”“点翠”就是生霉现象。生霉的种子已严重变质，有很重的霉味，具有霉斑，变色明显，营养品质劣变，还可能污染霉菌毒素。生霉的种子因生活力低，不能作为种用外，而且不宜食用。

③后期霉烂阶段　霉烂阶段是微生物使种子严重腐解的过程。种子生霉后，其生活力已大大减弱或完全丧失，种子也就失去了对微生物为害的抗御能力，为微生物进一步为害创造了极为有利的条件，若环境条件继续适宜，种子中的有机物质遭到严重的微生物分解，种子霉烂、腐败，产生霉、酸、腐臭等难闻气息，籽粒变形，成团结块，以至完全失去利用价值。

(2)种子微生物的控制

①提高种子的质量　高质量的种子对微生物的抵御能力较强。为了提高种子的生活力。应在种子成熟时适时收获，及时脱粒和干燥，并认真做好清选工作，去除杂物、破碎粒、不饱满的籽粒。入库时注意，新、陈种子，干、湿种子，有虫、无虫种子及不同种类和不同纯净度的种子分开贮藏，提高贮藏的稳定性。

②干燥防霉　种子含水量和仓内相对湿度低于微生物生长所要求的最低水分时，就能抑制微生物的活动。为此，首先种子仓库要能防湿防潮，具有良好的通风密闭性；其次种子入库前要充分干燥，使含水量保持在与相对湿度 65%相平衡的安全水分界限以下；在种子贮藏过程中，可以采用干燥密闭的贮藏方法，防止种子吸湿回潮。在气温变化的季节还要控制温差，防止结露，高水分种子入库后则要抓紧时机，通风降湿。

③低温防霉　控制贮藏种子的温度在霉菌生长适宜的温度以下，可以抑制微生物的活动。保持种子温度在 15℃以下，仓库相对湿度在 65%～70%以下，可以达到防虫防霉，安全贮藏的目的。这也是一般所谓“低温贮藏”的温湿度界限。

控制低温的方法可以是利用自然低温，具体做法可以采用仓外薄摊冷冻，密闭贮藏；仓内通冷风降温(做法可参见低温杀虫法)。如我国北方地区，在干冷季节，利用自然低温，将种子进行冷冻处理，不仅有较好的抑菌作用和一定的杀菌效果，而且可以降水杀虫。此外，目前各地还采用机械制冷，进行低温贮藏。进行低温贮藏时，还应把种子水分降至安全水分以下，防止在高水分条件下，一些低温性微生物的活动。

④化学药剂防霉　常用的化学药剂是磷化铝。磷化铝水解生成的磷化氢具很好的抑菌防雷效果。磷化铝的理化性可参见本节“仓虫的化学药剂防治”。根据经脸，为了保证防霉效果，种堆内磷化氢的浓度应保持不低于 0.2 g/m^3。控制微生

物活动的措施与防治仓虫的方法有些是相同的，在实际工作中可以综合考虑应用。如磷化铝是有效的杀虫熏蒸剂，杀虫的剂量足以防霉，所以可以考虑一次熏蒸，达到防霉杀虫的目的。

二、仪器设备和资料准备

(1)扦样器　袋装扦样器(单管扦样器、双管扦样器)、散装扦样器。

(2)分样器　钟鼎式分样器、横格式分样器。

(3)其他器具　天平、分样板、样品袋(样品容器)、封条、标签。

(4)利用相关图书、教材和网络资源查找国家技术监督局发布的农作物种子检验规程 GB/T 3543.2—1995。

三、项目设计与实施

(一)项目任务设计

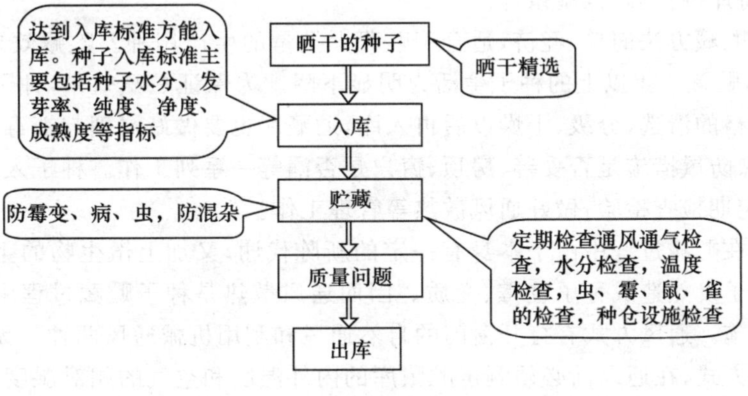

(二)学生模仿设计贮藏方案

1.结合实际并通过查询资料，每人提出一份关于玉米或其他作物种子贮藏的方案。

2.小组讨论，推荐一份较好的方案，小组再进行充分的讨论，将每个同学好的思路补充到一个方案中。

3.每组选一个代表，在全班讲解小组的设计方案，组员补充方案的内容。

4.教师组织发动全班同学讨论、评价每个小组的方案，选出最佳的方案，作为最终定稿。

(三)项目任务实施

主要贮藏方法

无论采用什么样的贮藏方法,首先考虑的是经济效益;其次要考虑贮藏设施的性能,贮藏地区的气候条件,计划贮藏的年限,贮藏种子的种类及其种子本身的遗传性,种子的价值和本地区本单位的经济实力等。

1.普通贮藏法(开放贮藏法)

所谓普通贮藏法(开放贮藏法)包括两方面内容:

①将充分干燥了的种子用麻袋、布袋、无毒塑料编织袋、缸、木箱等盛装种子贮存于贮藏库里,种子没有被密封起来,种子的温度、湿(种子本身的含水量)的变化基本上随着贮藏库内的温湿度变化而变化。

②是贮藏库没有安装特殊的降温除湿设施。但是,如果贮藏库内温度或湿度比库外高时,可以利用安装的排风换气设施进行调解,使其库内的温度、湿度稍低于库外或与库外达到平衡。如果库内的温、湿度比库外低时,可以把门窗严密关闭、以保持库内低温、低湿条件。

普通贮藏方法简单、经济,适合于贮藏大批量的生产用种。贮藏效果一般1～2年为好,贮藏3年以上的种子生活力明显下降。为保证贮藏效果,种子采收以后要进行严格的清选,分级、干燥以后再入库,贮藏库也要做好清理与消毒工作,还要检查防鸟、防鼠措施是否妥善、房顶、窗户是否漏等一系列工作。种子入库后,要登记存档,定期检查检验,做好通风散热等管理工作。

种子在贮藏过程中由于本身有一定的新陈代谢,又加上微生物的生长和繁殖会产生种子发热造成种子发霉、变质。因而通风散热是种子贮藏过程中一项重要的技术措施。通风方式有打开窗门的自然通风和利用机械通风两种。无论采用哪一种通风方式,在通风前必须测定贮藏库的内外温度和空气的相对湿度,以确定是否应该通风。一般2 d通风一次,刮大风或有雾天气不能通风。另外,如库外温度过低,库内外温差过大时也不可通风,以防造成种子表面(或种子堆表层)结露,水分向种子堆内转移。当库内外温度相同,但库外湿度低于库内时或库内外湿度相同但库外温度低于库内时也可通风,前者为了散湿,后者则为降温。在1 d内傍晚可以通风,但后半夜不能通风。

2.密封贮藏法

所谓种子密封贮藏法,是指把种子干燥到符合密封要求的含水量标准,再用各种不同的容器或不透气的包装材料密封起来进行贮藏的方法。这种方法在一定的温度条件下,不仅能较长时间保持种子的生活力,延长种子的寿命,而且便于交换和运输。

密封贮藏法之所以有良好的贮藏效果，是因为它控制了氧气供给和杜绝了外界空气温度对种子含水量的影响，从而保证种子处于低强度呼吸中。同时，密封条件，也抑制了各种好气性微生物的生长和繁衍，从而起到延长种子寿命的作用。

但是必须指出，密封贮藏种子的容器不能置放于高温条件下，否则会加快种子死亡。这是因为高温会造成容器内严重缺氧，从而加强了酒精的发酵作用而致使种胚变质，而且高温还能促进真菌等厌气性病害的发生，尤其是在种子含水量较高的情况下更甚。另外长期贮于高温条件下，密封贮藏的种会因严重失水而加速死亡。因此，密封贮藏种子，只有在温度较低的条件下进行，其贮藏效果才能更明显（表 7-1）。

表 7-1 密封容器贮藏的种子上限含水量(宫城耕治) %

种类	含水量	种类	含水量	种类	含水量
菜豆	7.0	黄瓜	6.0	美国防风	6.0
甜菜	7.5	茄子	6.0	豌豆	7.0
花椰菜	5.0	羽衣甘蓝	5.0	辣椒	4.5
抱子甘蓝	5.0	苤蓝	5.0	南瓜类	6.0
甘蓝	5.0	韭菜	6.5	萝卜	5.0
胡萝卜	7.0	莴苣	5.5	芜菁	5.0
茎椰菜	5.0	网纹甜瓜	6.0	菠菜	8.0
根芹菜	7.0	洋芥菜	5.0	番茄	5.5
芹菜	7.0	圆葱	6.5	芜菁、甘蓝	5.0
白菜	5.0	大葱	6.5	西瓜	6.5
甜玉米	8.0	香芹菜	6.5	其他	6.0

密封贮藏法在湿度变化较大，雨量较多的地区，其贮藏种子的效果更好，更有实用价值。

目前利用于密封贮藏种子的容器有：玻璃瓶、干燥箱、缸、罐、铝箔袋，聚乙烯薄膜等。玻璃瓶容器易破碎，只适合在实验室里使用。铝箔、聚乙烯可各自制作成袋使用，也可两者合在一起制成袋使用。由于袋子的种类不同、质地不同、厚度不同，其密封防潮性能不同。如铝箔虽然防潮性能良好，但价格较贵，提高了种子贮藏的成本。聚乙烯的防潮性能虽不如铝箔，但价格便宜，透明度好。目前利用的高密度聚乙烯防潮性能较好，用其贮藏种子效果明显，又便于种子商品化。

不同密封材料，由于透湿性能不同，所以要求密封贮藏时种子的含水量也有差异。

用铝箔包装贮藏种子的安全含水量要依据铝箔的厚度和透明度而定。一般铝箔的厚度为0.02～0.025 mm，24 h内每平方米的透湿度近于零。安全贮藏种子的含水量见表。

聚乙烯、异二氯乙烯等塑料包装制品都不具有百分之百的防湿性能，以这些材料所做成的种子袋或容器里贮藏的种子也能慢慢吸湿，其贮藏种子的最高含水量见表7-2。

表7-2 塑料包装密封贮藏的种子含水量(宫城，耕治) %

蔬菜种类	含水量	蔬菜种类	含水量	蔬菜种类	含水量
圆葱	6	黄瓜	7	菜豆	11
芹菜	7	胡萝卜	7	豌豆	11
花生	4	莴苣	6	萝卜	7
甜菜	10	番茄	8	茄子	7
甘蓝	6	美国防风	7	菠菜	9
甜瓜	7	荷兰芹	7		

3. 真空贮藏法

真空贮藏法，是一种很有发展前途的贮藏方法，尤其是应用于育种用的原始材料的种子贮藏方面更为方便。其贮藏原理是将充分干燥的种子密封在近似于真空条件的容器内，使种子与外界隔绝，不受外界湿度的影响，抑制种子的呼吸作用，强迫种子进入休眠状态，从而达到延长种子寿命，提高种子使用年限的目的。

真空贮藏效果的好坏，取决于种子的干燥方法、种子含水量、真空和密封程序以及贮藏温度等条件。

真空贮藏种子，要求种子含水量较低，所以必须采用热空气干燥法干燥种子。干燥种子的空气温度依不同蔬菜种类和所要求的不同含水量而定。一般为50～60℃的温度干燥4～5 h，种子的含水量在4%以下(豆类种子除外，含水量过低，豆类种子易形成硬实而影响发芽率)。

真空的标准，根据国外资料报道，减压不超过430 mm水银柱。减压过低会造成种子破裂，影响贮藏效果。上海市实验的减压标准控制在350～400 mm水银柱之间。

上海市采用的真空罐规格是0.5 kg和0.25 kg装两种。种子体积约占空罐容积的3/4留1/4空间为佳。

贮藏种子的真空罐要放置在低湿的环境条件下贮藏。如冷库，人防洞或埋在地下等。

4.低温除湿贮藏法

在大型的种子贮藏库中装备冷冻机和除湿机等设施，把贮藏库内温度降到15℃以下，相对湿度降到50%以下，从而加强了种子贮藏的安全性，延长了种子的寿命，这就是低温除湿贮藏法。

温度在15℃以下，种子自身的呼吸强度比常温下要小得多，甚至非常微弱，种子的营养物质分解损失显著减少，一般贮藏库内的害虫不能发育繁殖，绝大多数危害种子的微生物也不能生长，因而在这一条件下即能取得种子安全贮藏的良好效果。温度在20℃以下，则被称为“准低温贮藏”，在一定程度上也可以达到上述效果。

低温贮藏对害虫的抑制作用十分明显，一般20℃是害虫适宜温度的下限范围，15℃时害虫开始冷麻痹；8℃是冷昏迷；温度再到8～4℃时害虫就进入冬眠状态，害虫经过一段时间也会死亡；−4℃以下，就到了害虫致死范围。

蚕豆有较多的淀粉和蛋白质，易受蚕豆象的侵害而变质。随着贮藏期的延长，会使青色蚕豆变成褐色或深褐色、霉变、发热直至丧失种用价值。若将蚕豆含水量降至11%以下，贮于0～4℃低温箱里，6个月后基本无变色，蚕豆象的幼虫虽然未死，但未羽化成虫。而对照者变色粒为46%，虫害粒52%；试验前绿色蚕豆发芽率为97.8%，低温试验结束时的发芽率为91%，而常温的只有88%。这说明低温贮藏对蚕豆保色和维持蚕豆生活力有较强的优越性。

低温贮藏方式有如下几种：

(1)自然低温贮藏　这是一种经济、简易、有效的贮藏方法，它包括自然通风贮藏、地下库贮藏和洞库贮藏。自然低温贮藏，泛指15℃以下，有的冷冻温可达−20℃，甚至−45℃。自然低温贮藏的先决条件是:采用隔热等措施以保证低温条件的实现。

(2)通风冷却贮藏　即是利用通风机械或冷却机械对贮藏中的种子实行急剧快速通风冷却。这一过程不同于单纯的干燥，也不同于单纯的通风，主要是利用机械通过输进含有较低温度的空气，使库内种子堆的温度下降，同时也有降湿作用。

(3)空调低温贮藏　即是利用制冷机向贮藏库内通冷风，进行空气温湿度调节，使贮藏库内的温度均匀，避免水分局部集中，达到安全贮藏。这种方式与冷却贮藏的区别:主要是避免外界热空气的接触，只限贮藏库内的空气循环，一般不补充外界空气，自动控制冷气的温、湿度。一般要将贮藏库的温度控制在15℃以下或更低的温度时需密封隔热保持低温。随着气温的变化，库内温度超过要求温度时，则采用机械通冷风控制库内温度在±1℃范围。

通风冷却贮藏法，空调低温贮藏法适于高温多湿地区贮藏蔬菜种子。

综上所述，种子的寿命与生活力除了与其遗传性有关外，还和产生种子及贮藏种子的环境条件有关。选育优良品种，改善种子生产条件，创造良好的种子贮藏条件都可以延长种子寿命，提高种子生活力，从而延长种子的使用年限和提高使用品质。

种子贮藏的基本原理就是要创造条件降低种子的新陈代谢并防治病虫害的侵害，同时还要考虑到实际生产应用的简单易行、经济实惠，在实际操作中可根据自身的条件、环境条件以及对贮藏要求的不同灵活选用贮藏方法。

5. 超低温贮藏法

利用液态氮气可达－165℃的低温，在如此低的温度下，代谢作用极低，故若种子能在结冰及解冻时存活，则可作长时间的保存。

四、贮藏期质量问题及控制

种子进入贮藏期后，贮藏环境由自然状态转为干燥、低温、密闭。尽管如此，种子的生命活动并没有停止，只不过随着条件的改变而进行得更为缓慢。由于种子本身的代谢作用和受环境的影响，致使仓内的温度状况逐渐发生变化，可能会如吸湿回潮、发热和虫霉等异常情况出现。因此，种子贮藏期间的管理工作十分重要，应该根据具体情况建立各项制度，提出措施，勤加检查，以便及时发现和解决问题，避免损失。

（一）种子温度和水分的变化

种子处在干燥、低温、密闭条件下，其生命活动极为微弱。但隔湿防热条件较差的仓库，会对种子带来不良影响。根据观察，种子的温度和水分是随着空气的温湿度而变化的，但产生变化比较缓慢。1 d 中的变幅较小，1 年中的变幅较大。种子堆的上层变化较快，变幅较大，中层次之，下层较慢。在气温上升季节（3～8月），种温随也之上升，但种温低于仓温和气温；在温度下降季节（9 月至翌年 2 月），种温也随之下降，但略高于仓温和气温。种子水分则往往是在低温期间和梅雨季节较高，而在夏、秋季较低。

（二）种子的结露和预防

种子结露是种子贮藏过程中一种常见的现象。种子结露以后，含水量急剧增加，种子生理活动随之增强，导致发芽、发热、虫害、霉变等情况发生。种子结露现象不是不可避免的，只要加强管理，采取措施可消除这种现象的发生。即使已发生结露现象，将种子进行翻晒晒干燥、除水，不使其进一步发展，可以避免种子遭受损失或少受损失。因而，预防种子结露，是贮藏期间管理上的一项经常性工作。

1.种子结露的原因和部位

通常的结露是热空气遇到冷的物体，便在冷物体的表面凝结成小水珠，这种现象叫结露。如果发生在种子上就叫种子结露。这是由于热空气遇到冷种子后，湿度降低，使空气的饱和含水量减小，相对湿度变大。当温度降低到空气饱和含水量等于当时空气的绝对湿度时，相对湿度达到 100%，此时在种子表面上开始结露。如果温度再下降，相对湿度超过 100%，空气中的水汽不能以水汽状态存在，在种子上的结露现象就越明显。为了表明开始结露时的温度，称为结露温度也叫露点。种子结露是一物理现象，在一年四季都有可能发生，只要当空气与种子之间存在温差，并达到露点时就会发生结露现象；空气湿度愈大，也愈容易引起结露；种子水分愈高，结露的温差变小，反之，种子愈干燥，结露的温差变大，种子不易结露。种子水分与结露温差的关系见表 7-3。

表 7-3 种子水分与结露温差的关系

种子水分/%	10	11	12	13	14	15	16	17	18
结露温差/℃	12～14	10～12	8～10	7～8	6～7	4～5	3～4	2	1

仓内结露的部位，常见的有以下几种：

(1)种子堆表面结露　多半在开春后，外界气温上升，空气比较潮湿，这种湿热空气进入仓内首先接触种子堆表面，引起种子表面层结露，其深度一般由表面深至 3 m 左右。

(2)种子堆上层结露　秋、冬转换季节，气温下降，影响上层种子的温度。而中、下层种子的热量向上，二者造成温差引起上层结露，其堆位距表面 20～30 cm处。

(3)地坪结露　这种情况常发生在经过暴晒的种子未经冷却，直接堆放在地坪上，造成地坪湿度增大，引起地坪结露。也有可能发生在距地坪 2～4 cm 的种子层，所以也叫下层结露。

(4)垂直结露　发生在靠近内坡壁和柱子周围的种子，成垂直形。前者常见于圆筒仓的南面，因日照强，墙壁传热快，种子传热慢而引起结露；后者常发生在钢筋水泥柱子，这种柱子传热快于种子，使柱子或靠近柱子周围种子结露。木质柱子结露的可能小一点。其次房式仓的西北面也存在结露的可能性。

(5)种子堆内结露　种子堆内通常不会发生结露，如果种子堆内存在发热点，而热点温度又较高，则在发热点的周围就会发生结露。另一种情况是二批不同温度的种子堆放在一起，或同一批经暴晒的种子，入库时间不同，造成二者温差引起种子堆内夹层结界。

2.种子结露的预防

防止种子结露的方法，关键在于设法缩小种子与空气、接触物之间的似差，具体措施如下：

(1)保持种子干燥　干燥种子能抑制生理活动及虫、霉为害，也能使结露的温差增大，在一般的温差条件，不至于立即发生结露。

(2)密闭门窗保温　季节转换时期，气温变化大，这时要密闭门窗，对缝隙要糊2～3层纸条，尽可能少出入仓库，以利隔绝外界湿热空气进入仓内，可预防结露。

(3)表面覆盖移湿　春季在种子表面覆盖1～2层麻袋片，可起到一定的缓和作用。即使结露也是发生在麻袋片上，到天晴时将麻袋移置仓外晒干冷却再使用，可防种子表面结露。

(4)翻动面层散热　秋末冬初气温下降，经常耙动种子面层深至20～30 cm，必要时可扒深沟散热，可防止上层结露。

(5)种子冷却入库　经暴晒或烘干种子，除热处理之外，都应冷却入库，可防结露。

(6)围包柱子　有柱子的仓库，可将柱子整体用一层麻袋包扎，或用报纸4～5层包扎，可防柱子周的种子结露。

(7)通风降温排湿　气温下降后，如果种子堆内温度过高，可采用机械通风方法降温，使之降至与气温接近，可防止上层结露。对于采用期料薄膜覆盖贮藏的种子堆，在10月中下旬应揭去薄膜改为通风贮藏。

(三)种子的发热和预防

在正常情况下，种温随着气温、仓温的升降而变化。如果种温不符合这种变化规律，发生异常高温时，这种现象称为发热。

1.种子发热的原因种子发热主要由以下原因引起

(1)种子贮藏期间新陈代谢旺盛，释放出大量的热能，积聚在种子堆内。这些热量又进一步促进种子的生理活动，放出更多的热量和水分，如此循环往返，导致处子发热。这种情况多发生于新收获或受潮的种子。

(2)微生物的迅速生长和繁殖引起发热　在相同条件下，微生物释放的热量远比种子要多。实践证明，种子发热往往伴随着种子发霉。因此，种子本身呼吸热和微生物活动的共同作用结果，是导致种子发热的主要原因。

(3)种子堆放不合理，种子堆各层之间和局部与锥体之间温差较大，造成水分转移、结露等情况，也能引起种子发热。

2.种子发热的种类

根据种子发热，发热面积的大小可分为以下5种：

(1)上层发热　一般发生在近表层 15～30 cm 厚的种子层。发生时间一般在初春或秋季。初春气温逐渐上升,而经过冬季的种子层温度较低,两者相遇,上表层种子容易造成结露而引起发热。

(2)下层发热　发生状况和上层相似,不同的是发生部位是在接近地面的种子。多半由于晒热的种子未经冷却就入库,遇到冷地面发生结露引起发热,或因地而渗水使种子吸湿返潮而引起发热。

(3)垂直发热　在靠近仓壁、柱子等部位,当冷种子遇到仓壁或热种子接触到冷仓壁或柱子形成结露,并产生发热现象,称为垂直发热。前者发生在春季朝南的近仓壁部位,后者多发生在秋季朝北的近仓壁部位。

(4)局部发热　这种发热通常呈窝状形,发热的部位不固定.多半由于分批入库的种子品质不一致,如水分相差过大,整齐度差或净度不同等所造成。某些仓虫大量聚集繁殖也可以引起发热。

(5)整仓(全囤)发热　上述四种发热现象中,无论哪种发热现象发生后,如不迅速处理或及时制止,都有可能导致整仓(整囤)种子发热。尤其是下层发热,由于管理上造成的疏忽,最容易发展为全仓发热。

3.种子发热预防　根据发热原因,可采取以下措施加以预防。

(1)严格掌握种子入库的质量　种子入库前必须严格进行清选、干燥和分级,不达到标准,不能入库,对长期贮藏的种子,要求更加严格。入库时,种子必须经过冷却(热进仓处理的除外)。这些都是防止种子发热、确保安全贮藏的基础。

(2)做好清仓消毒,改善仓储条件　贮藏条件的好坏直接影响种子的安全状况。仓房必须具备通风、密闭、隔湿、防热等条件,以便在气候剧变阶段和梅雨季节做好密闭工作;而当仓内温湿度高于仓外时,又能及时通风,使种子长期处在干燥、低温、密闭的条件下,确保安全贮藏。

(3)加强管理,勤于检查　应根据气候变化规律和种子生理状况.制定出具体的管理措施,及时检查,及早发现问题,采取对策,加以制止。种子发热后,应根据种子结霉发热的严重情况,采用翻把、开沟、扒塘等措施排除热量,必要时进行翻仓、摊晾和过风等办法降温散湿。发过热的种子必须经过发芽试验,凡已丧失生活力的种子,即应改作他用。

四、讨论与巩固

1.种子呼吸对种子贮藏有什么影响?

2.种子微生物对种子生活力有哪些影响?

3.仓库害虫对种子有哪些危害?

4. 简述种子温度的年变化情况。
5. 种子结露发生的原因、部位和预防措施如何？
6. 种子发热产生的原因、种类和预防措施如何？
7. 小麦、玉米种子的贮藏特性和管理重点是什么？

附录　学习评价

在每个项目结束后老师带领学生进行评价反馈。

一、自我评价

1. 对理论知识的理解和掌握；
2. 对操作技能的掌握和熟练程度。

二、小组评价

序号	评价项目	评价情况
1	学习态度是否积极主动	
2	是否服从教师的教学安排	
3	是否有工作岗位的责任心	
4	是否达到全勤	
5	是否尊重他人，与其他同学口头交流学习内容是否流畅	
6	是否遵守学习场所的规章制度	
7	能否按照安全和规范的规程操作	
8	是否合理规范地使用工具	
9	能否辨别工作环境中哪些是危险的因素	
10	团队学习中主动与合作的情况如何	
11	能否主动参与教学场所的清洁和整理工作，保持学习环境的干净整洁	

参与评价的同学签名________________________________

三、综合评价

1. 教师评价

(1)对实践操作的点评

(2)对学习过程的总体评价　　　　教师签名________

2. 学生评价

(1)对教师授课效果的评价

(2)对学习效果的评价　　　　学生签名________

参考文献

[1] 曹雯梅,刘松涛. 作物种子生产. 北京:中国农业大学出版社,2010.

[2] 覃一静.作物遗传与育种.北京:中国农业大学出版社,2011.

[3] 于振文.作物栽培学各论.北京:中国农业大学出版社,2003.

[4] 颜启传.种子学. 北京:中国农业出版社,2003.

[5] 王春平.育种家种子的生产和保存[J].种子,2003(5):113-115.2003.

[6] 张万松.农作物四级种子生产程序及应用模式. 中国农业科学,1997,30(2):27-33.2010.

[7] 农业部人事劳动司　农业职业机能培训教材编审委员会.作物种子繁育员.北京:中国农业出版社,2004.

[8] 聂迎彬.影响小麦杂交制种产量因素的研究进展[J] 安徽农学通报, 2007(1)

[9] 佟道儒,等.烟草育种学.北京:中国农业出版社,1997.

[10] 杨铁钊,丁永乐,等. 烟草育种学原理.北京:中国科学技术出版社,1996.

[11] 陈学平,等.烟草育种学.合肥:中国科学技术大学出版社, 2002.

[12] 烟草种植编写组. 烟草育种.北京:中国财政经济出版社,1992.

[13] 韩世栋.蔬菜生产技术.北京:中国农业出版社,2002.

[14] 宋邦钧,等.作物遗传与育种学.北京:农业出版社,1993.

[15] 种植类专业编写组.蔬菜育种.北京:高等教育出版社,1996.

[16] 中国农业大学.蔬菜育种学.北京:中国农业出版社,1999.

[17] 农业部农民科技教育培训中心,中央农业广播电视学校.种子生产与应用技术.北京:中国农业出版社,2007.

[18] 杜红.农作物种子生产与经营.北京:中国农业出版社,2012.

[19] 王建华,张春庆.种子生产学.北京:高等教育出版社,2006.